楓 葉 社

前言

想要讓小腹消下去、真想擁有漂亮的腹肌……我想應該有很多人，曾經多次嘗試瘦身，但久久不見成效而放棄；或許有人一度成功，但一個疏忽又不小心復胖了。假如要再次挑戰減肥的話，這次絕對不想再失敗了吧？

本書介紹的是不會對身體造成負擔，卻更有效果的「5秒腹肌」訓練。

5秒腹肌訓練，與一直以來鍛鍊腹肌的高強度訓練不同，**每次只需要5秒鐘，集中鍛鍊肌肉組織**，因此不會給身體帶來太大的負荷。各位也可以利用這個方法，集中刺激想要鍛鍊的其他部位。

本書介紹8種方法，設計2個星期的訓練課程，

5秒腹肌是什麼？

能夠有效地打造出腹部肌肉。另外也針對不少人在意的二頭肌和臀部提供訓練菜單，重點式地集中鍛造這些部位。

5秒腹肌訓練，相信能夠讓總是心灰意冷放棄，不擅長運動、或是不會運動的你，從中得到成效，也不會因為身體超出負荷而受傷中斷，可以長久持續訓練下去。首先，就用兩個禮拜的時間，徹底實踐訓練課程，親身感受效果吧。

松井薰

5秒練腹肌

魔鬼瘦小腹特訓

CONTENTS

5秒腹肌是什麼？

2週達成腰圍-10cm的願景！

STEP 1 2週訓練課程

人人都能獲得成效

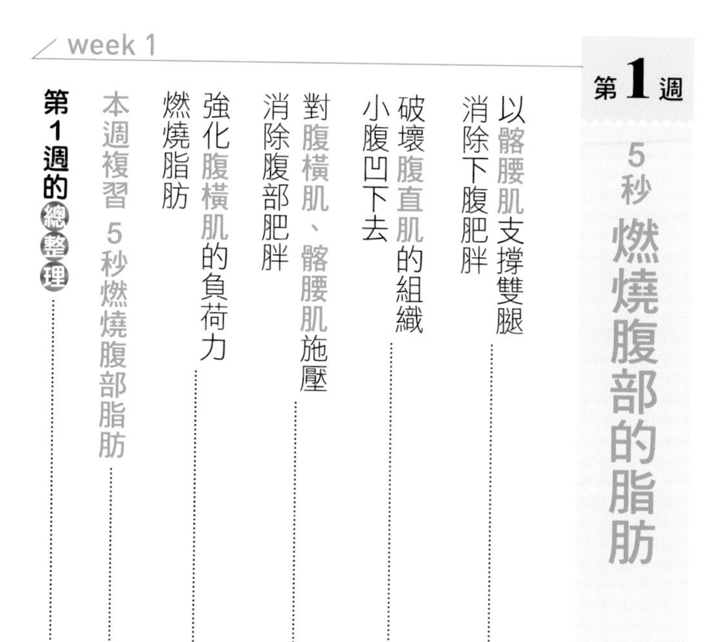

week 1

第1週 5秒燃燒腹部的脂肪

week 2

第2週 5秒緊實腹部的肌肉

STEP 2

部位別的訓練

持續挑戰你在意的地方！

正確的飲食方法

提升5秒腹肌的效果

2週達成 腰圍-10㎝ 的願景！

5秒腹肌是什麼？

所有學員在實行「5秒腹肌」後，都感受到身體產生了明顯的變化。正式進入為期2週的訓練課程之前，先來了解5秒腹肌的重點和優點吧。

任何人都能做到，5倍的效果！「5秒腹肌」訓練

只需要保持姿勢

POINT 1

沒有高難度的動作 輕鬆達成、持續訓練！

5秒腹肌訓練只需要維持姿勢，就可以重新塑造腹肌組織。即使是運動細胞差的人，也能達成目標，長期持續訓練。

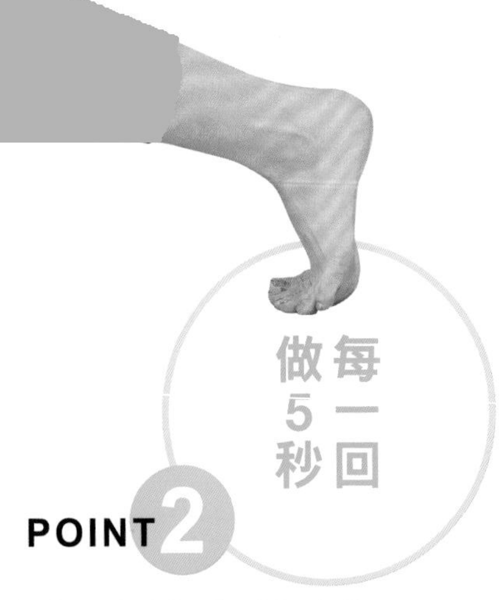

每一回做5秒

POINT 2

對身體的負擔低 人人都能做到！

一次只要堅持做個5秒，無論對腰部還是關節的負擔都很低。對於自己的肌力和體力沒有信心的人，也能夠輕易做到。

POINT 3

大腦與肌肉緊密連結

全神貫注想像 暢通神經管道！

5秒腹肌是利用想像力的一種訓練方式。在腦海中一邊想像畫面，一邊執行動作，能夠使大腦更容易傳達指令給肌肉，提高效果。

這個動作會在P56介紹！

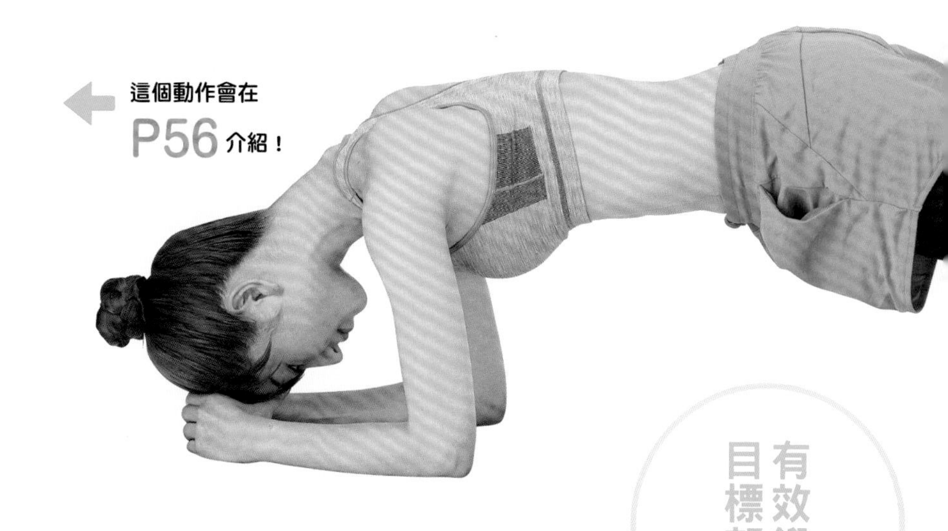

有效鍛鍊目標部位

POINT 4

與肌肉對話 精神鼓舞效果加乘！

下一頁會詳細解說這四大重點！

訓練時，將注意力集中於肌肉，更能有效鍛鍊目標部位。5秒腹肌訓練，就是以「與肌肉對話」的方法進行訓練。

完全不用辛苦運動！

只要5秒，重新鍛造完美腹肌

肌肉鍛鍊效果最大化

5秒腹肌訓練，這種訓練方式的最大特色，就在於「**只需要維持簡單的動作**」。也就是說，只要重複上半身的動作，完全不用做出一般腹肌訓練常見的激烈動作，就可以達到鍛鍊的效果。為什麼這樣的訓練可以達到成效呢？這是因為5秒腹肌訓練旨在「**破壞肌肉組織**」。

簡單來說，「破壞肌肉組織」其實就是「**讓肌肉盡可能地收縮**」，接下來就以上臂肌肉為例，簡單解釋一下個中道理吧。我們只要曲起手肘，就能明顯看出肌肉隆起，這時候手臂上方的肌肉（肱二頭肌）收縮＝受到損傷，變成負荷狀態。**像這樣維持肌肉收縮的運動狀態，便稱作等長收縮運動（或稱為等尺性肌肉收縮）。科學證明，這種運動方式能夠將肌肉鍛鍊的效果達到最大化，燃燒多餘的脂肪。**

順帶一提，「空氣椅子」也是一種等長收縮運動，當人體在靜止的狀態下撐住全身的重量時，這個動作其實和利用深蹲運動所鍛鍊的肌肉都是屬於同一部位（大腿肌肉）。5秒腹肌訓練就是應用等長收縮運動的原理，因此是人人都可以輕鬆做到的訓練方式。

等長收縮運動
鍛鍊效果最大化

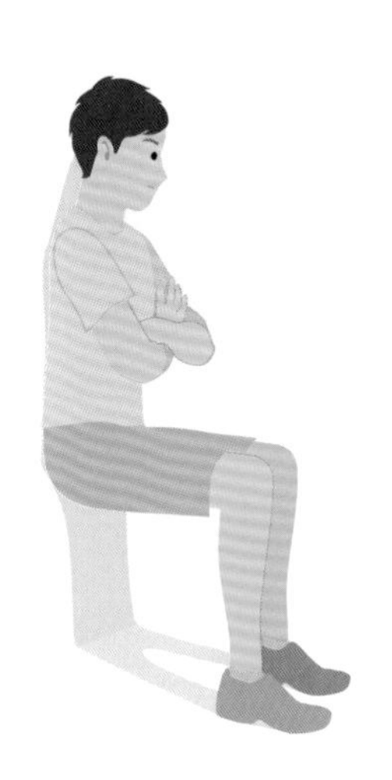

腳忍不住顫抖的空氣椅子訓練

等長收縮運動中最具代表性的，就是背靠著牆，維持坐椅姿勢的「空氣椅子」。開始一段時間後，大腿會開始抖動，這是因為向下的重力與維持靜止姿勢的向上出力相互抵抗，與深蹲運動給予的肌肉刺激相同。

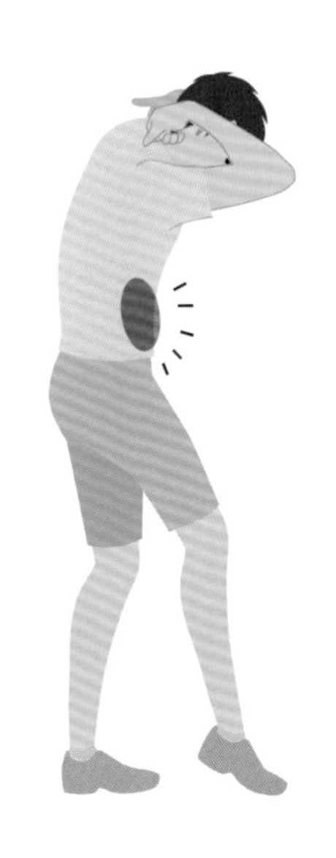

5秒腹肌是動作簡單的訓練

空氣椅子就像懲罰遊戲，姿勢難度高，但5秒腹肌卻是輕輕鬆鬆就能做到的姿勢。例如像右圖一樣，右腳往前踏出，上半身向前傾，想像將直立的鋁罐壓扁。一次只要5秒，只有腹肌用力，輕鬆又有效率。

身體低負擔，安心專注訓練！

5秒腹肌訓練的優點

努力成果馬上看得到

從前的訓練菜單或是伸展運動，動作內容通常較為複雜，光是記住每一個步驟就花費了不少心力。然而5秒腹肌訓練非常簡單，很容易記住每個動作，因此每次按表操課時立刻就能聯想起動作要點，很快就能進入狀況。

等長收縮運動還有一個特色，就是和原本的肌力訓練比起來，對於身體的負擔比較少。對關節和肌肉的負擔減少，也比較不會引起肌肉痠痛，有效降低受傷的風險。除此之外，和一般機械性地重複動作的訓練方式比較起來，這種運動訓練**不會造成心理上過大的壓力，學員也能夠持之以恆地練習**。

以往常見的腹肌訓練和減肥運動之所以讓人備受挫折，根本原因就在於「明明努力好一段時間，卻看不到任何效果」。但是**等長收縮運動鍛鍊個別部位，集中刺激目標肌肉，因此能比較快收到成效**。短時間就能見證努力的成果，自然令人開心不已。

從事5秒腹肌訓練時，以一回5秒、多次重複練習的節奏進行。不僅可以有效利用零碎時間完成，也能夠隨時隨地展開訓練，這些都是5秒腹肌訓練的優勢所在。

5秒腹肌的四大優點

肌肉關節負擔低

沒有激烈的動作，對關節等部位不會造成太大的負擔，不容易感到疲勞，能夠輕鬆進行訓練。

方法簡單

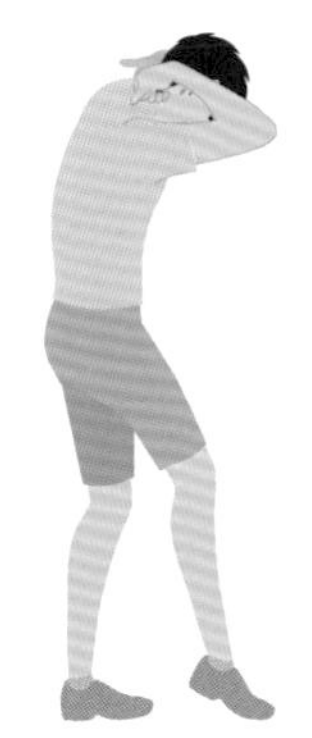

5秒腹肌訓練的方法非常簡單，容易記在腦海裡，能夠馬上想起動作，隨時隨地進行訓練。

瑣碎時間可完成

5秒×數組動作就能得到效果。一天當中，只要有效利用零碎的時間，就能輕易達成訓練。

效果立即看到

與傳統的腹肌訓練相比之下，更容易顯現成效。能夠從中得到成就感，自然也就更願意持續訓練。

想像力決定5秒間的成敗

催眠大腦，讓小腹慢慢凹下去

催眠大腦，效果更好！

5秒腹肌訓練是一種破壞肌肉組織、促使肌肉再生的運動，不過，我們還能加入一些訣竅使效果加倍，那就是——催眠大腦！舉例來說，我們在運動時不妨將腹肌想成一個空飲料罐，一邊在腦中想像著要將罐子壓扁，一邊進行訓練。這種聯想法能夠加強負荷，使訓練效果更好。

不知道各位是否看過健美比賽呢？選手們會在競賽過程中擺出姿勢，讓評審一一評比他們的身體。這個時候，雖然健美選手手中並沒有拿任何道具，但卻會在腦中想像手裡彷彿正舉著數十公斤的啞鈴。也就是說，透過想像的方式催眠肌肉，促使肌肉保持緊張的狀態，讓肌肉變得更突出。

5秒腹肌同樣利用這種想像的力量，使訓練成效倍增。不過這裡要提醒大家非常重要的一點，當各位進行各種不同的訓練時，不只是要想像這些畫面，更要確實地**針對想鍛鍊的肌肉集中注意力**。如果沒有全神貫注在肌肉上，只是機械性地完成動作的話，即使完成所有訓練內容，最終效果也會大打折扣。集中注意力在肌肉上，就是**促使大腦與肌肉連結起來**。具體的方法將會在第16頁進一步解說。

發揮想像的力量

想像具體畫面
讓大腦連結肌肉

將腹肌想像成空罐，想像著自己保持直立的站姿，上半身向前傾，用盡全力壓扁這個罐子。當我們集中注意力在肌肉本身以及肌肉的狀態時，便能夠提高訓練的效果。

命令肌肉、提出質疑！

與肌肉對話，成效更佳

注意力集中於肌肉上

5秒腹肌訓練還有一個重要的特點，為了使大腦與肌肉更緊密地聯結，我們需要「**與肌肉對話**」。

上述說明似乎不容易理解吧。簡而言之，肌肉可分為「不隨意肌」和「隨意肌」兩種類型。前者是分布於心臟和內臟周遭的肌肉，後者則是附著於小腹、手臂等部位的肌肉。兩種肌肉之間最大的不同，就在於能否靠自己的意志力活動。非隨意肌不能憑自由意識活動，隨意肌則可藉由人體的意志力來操控；也就是說，隨意肌能夠經由練習來鍛鍊成長。

然而，這種訓練方式仍然存在技巧，如果不經思考，只是單純地重複練習的話，其實沒有什麼效果。相反地，當我們**把注意力集中在想要刺激的肌肉部位時，便能夠戲劇性地提高效果**。因此，「與肌肉對話」堪稱是不可或缺的環節。其實很多健美先生在訓練時也都會和肌肉說話，像是對想要達成目標效果的肌肉勉勵：「加油！再三次！」或是提出疑惑：「有確實收縮到底嗎？」透過這些交談，不僅可以讓自己投入更強烈的專注力，也能夠時時刻刻意識到自己想鍛鍊的肌肉部位。

試著與肌肉對話吧！

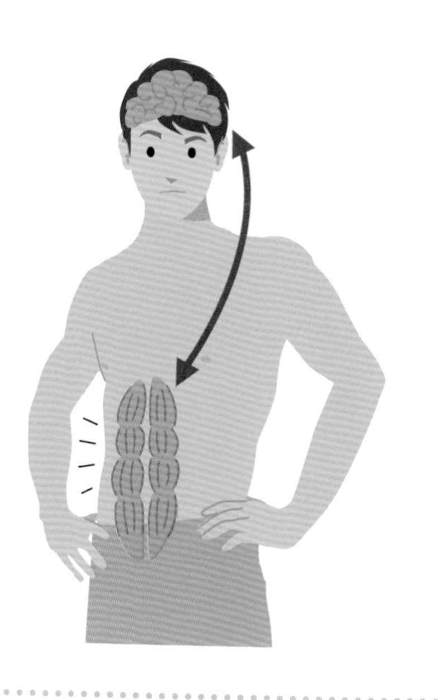

大腦與肌肉的連結更為流暢

隨意肌是可以隨自己意志活動的肌肉，若是大腦直接對肌肉發出「收縮」的指令，肌肉就能因此收縮。能夠感覺到大腦和肌肉的連結，對於訓練成果會更有幫助。

與肌肉對話

習慣了訓練的動作和姿勢後，容易慢慢淪於只是為了完成規定次數、敷衍了事的心態。在每次5秒的肌肉訓練時，利用間隔時間，刻意地與想訓練的肌肉部位交談。這真的非常重要。

如同記座位表一樣
記住肌肉的位置與功用

為了與肌肉對話，自然得熟記他們的正確位置。
了解這些知識，或許也能找到小腹難以消下去的原因。

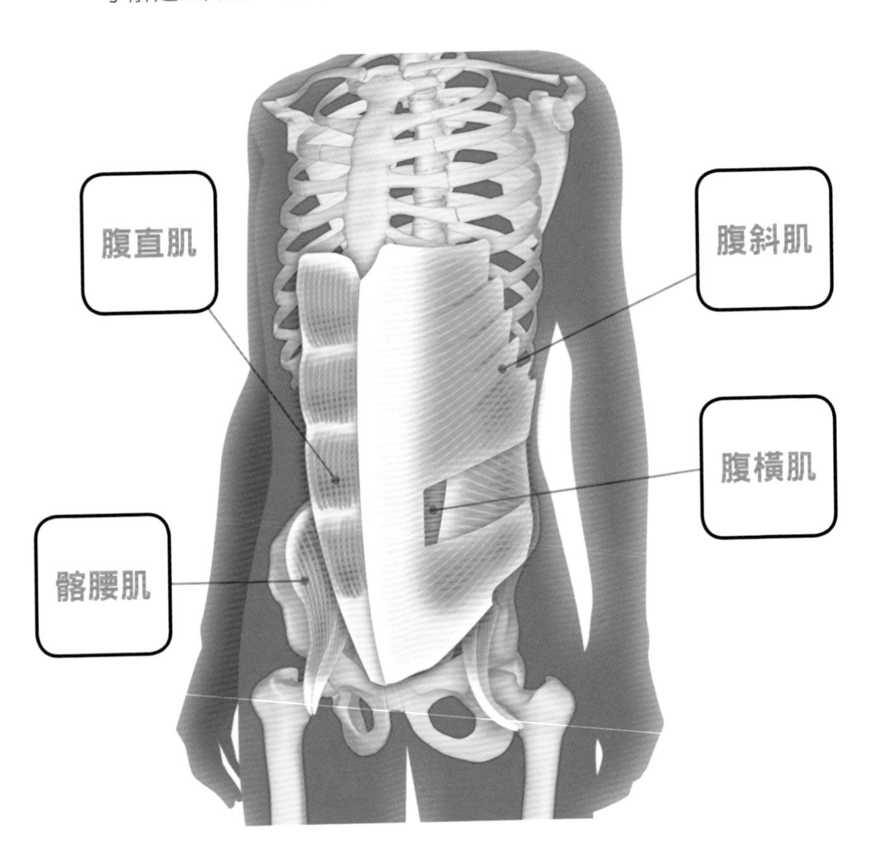

雖然通常稱作腹肌，但這卻不是正確的肌肉名稱，而是腹部附近的肌肉總稱。主要的腹肌包括「腹直肌」、「腹斜肌」、「腹橫肌」三種，另外還有一種「髂腰肌」，雖然並不是腹肌，但卻與腹肌連接在一起，是很重要的肌肉。

如果能了解這些肌肉的位置和功能，更能有效集中注意力在各個部位的肌肉，提高5秒腹肌的效果。

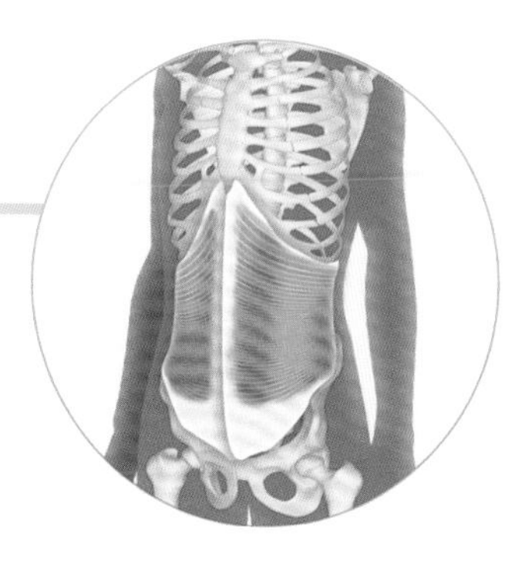

燃燒內臟脂肪！「腹橫肌」

腹肌當中位於最內側的肌肉，同時也是深層肌肉，具有維持姿勢、身體活動時保持平衡等重要的功能。距離內臟的位置很近，鍛鍊這個部位可以有效燃燒內臟脂肪。

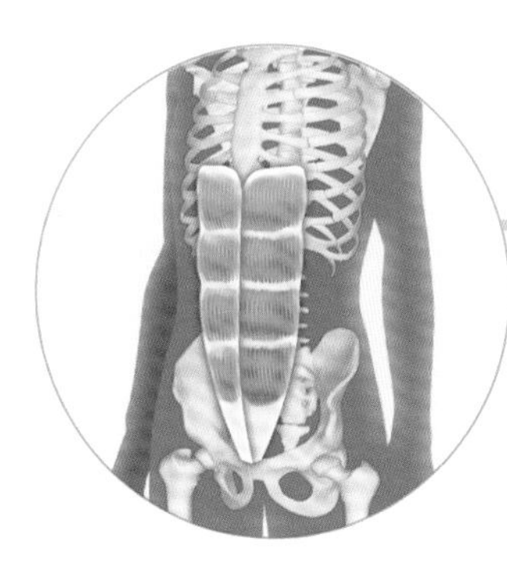

預防大腹便便！「腹直肌」

位在腹部前方，直立覆蓋於臟器外的肌肉，能夠使臟器保持在正確的位置。腹直肌一旦退化，會造成腹部肥胖，產生兩層大肚腩。

打造纖細蠻腰！「腹斜肌」

位於腹部左右兩側的肌肉，由「腹內斜肌」和「腹外斜肌」雙層肌肉構成，鍛鍊腹斜肌可以打造出小蠻腰。但要留意這個部位容易囤積多餘脂肪。

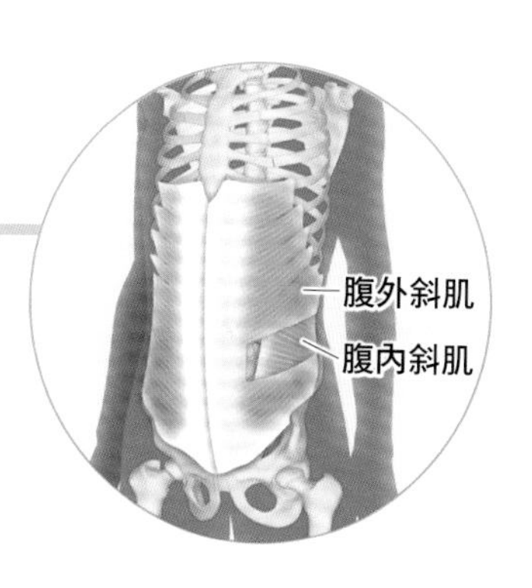

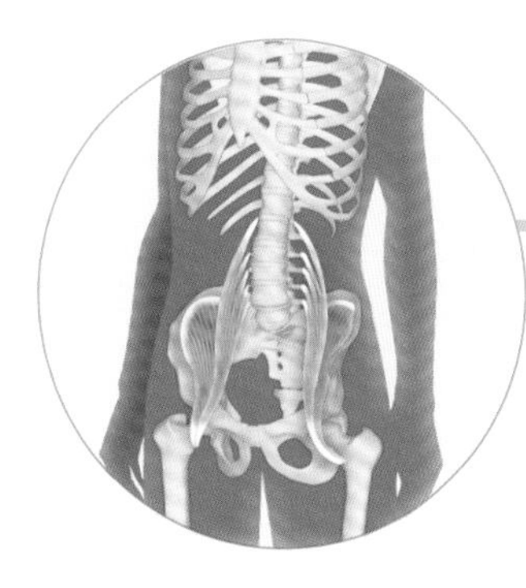

使小腹凹下去！「髂腰肌」

腰大肌和髂肌等肌肉的總稱。髂腰肌與髖關節的活動相關，也是讓腿能往前移動的肌肉；當雙腿靜止不動，活動上半身時也會使用到這處肌肉。髂腰肌退化的話，內臟所在的下腹部會突出，因此讓小腹凹下去是很重要的事。

大肚腩與小腹的個別訓練法

掌握肥胖型態，瘦身效率加倍！

型態不同，鍛鍊部位也不一樣

雖然一般都說「腹部肥胖」，但也能細分成下腹部肥胖、肚子能捏出兩層肉等各式各樣的型態。雖然表現型態各不相同，但上述肥胖都是因為腹肌退化所造成。不同部位的肌肉退化，也會造成腹部出現不同型態的肥胖特徵，因此瘦身之前最重要的便是「了解自己屬於哪一種肥胖型態」。只要找出腹部的肥胖型態，就能夠重點式地訓練退化的肌肉部位。首先，以下就來介紹腹部肥胖的三種型態。

●**腹部肥胖型**：由於脂肪囤積，整個腹部變大且突出。也就是一般所說的肥胖型。

●**下腹肥胖型**：第一眼看起來整個身體是偏瘦的，但其實下腹部突出。

●**腰間肉溢出型**：側腰部位有脂肪堆積，看不出腰部和腰線，腰間肉溢出的型態。

左頁即根據上述這些不同的型態，個別提示鍛鍊的部位，重點式地進行訓練。

如果各位能夠確實執行本書推薦的兩週訓練課程，相信無論是哪一種型態的腹部肥胖，都能在短時間內得到成效。首先，針對自己的肥胖型態，展開有效的訓練課程吧！

腹部肥胖的三種型態

1 腹部肥胖型

腹部脂肪厚到手指抓不住，整個腹部呈現往外突出的狀態。

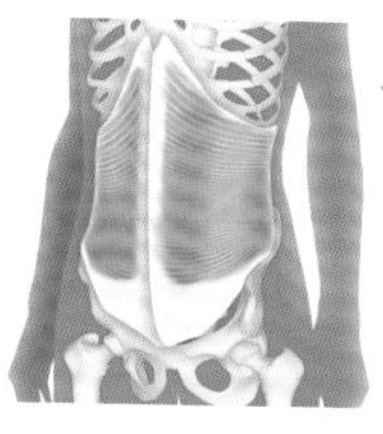

鍛鍊這裡！

從容易消除的內臟脂肪著手，訓練重點就放在腹橫肌。

高效減脂

- 燃燒脂肪 P56
- 消除腹部肥胖 P54

2 下腹肥胖型

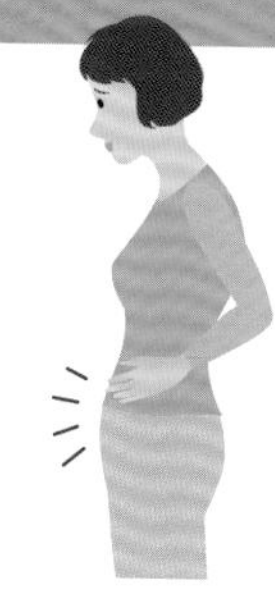

第一眼看起來很瘦，但仔細一看驚覺下腹部卻是突出的狀態。

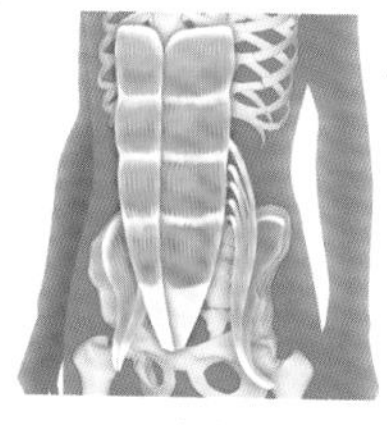

鍛鍊這裡！

下腹部肌肉退化造成內臟下沉，因此要鍛鍊腹直肌和髂腰肌。

高效減脂

- 消除下腹肥胖 P50
- 小腹凹下去 P52

3 腰間肉溢出型

比起腹部前側，脂肪像是游泳圈一樣圍繞著側腰部位。

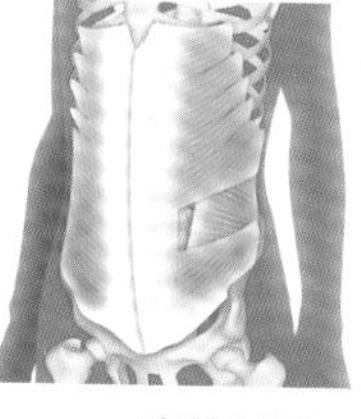

鍛鍊這裡！

腹斜肌退化造成側腰肥胖。畢竟是平常不太使用的肌肉，用心鍛鍊吧！

高效減脂

- 消除側腰贅肉 P66
- 打造小蠻腰 P68

只要2週！
就能做到這些大改造！

首日

下腹肥胖型

運動不足小姐

很在意最近
下腹部變胖了。

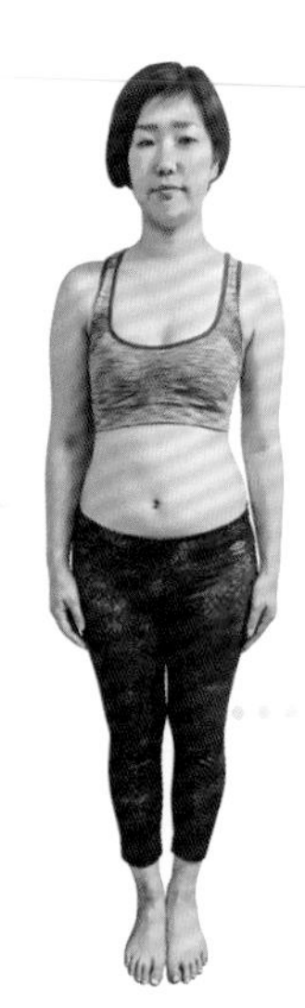

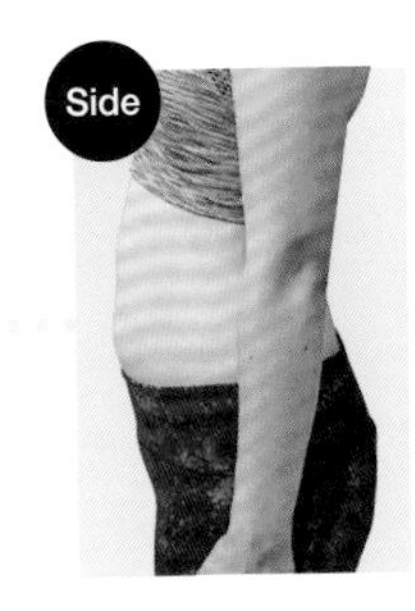

姓名
佐久間あおい小姐

年齡
26歲

身高
164cm

2週後的成果

體重	58kg	→ 56.5kg	-1.5kg
腰圍	78cm	→ 74cm	-4cm

做了以下的訓練菜單

第1週

針對下腹部肥胖，為了要有效地鍛鍊髂腰肌，特別選擇集中注意力在下腹部的「**消除下腹肥胖（P50）**」和「**小腹凹下去（P52）**」的訓練。決定每日的訓練量，記錄當天沒有做到的部分，隔天再多做一些，完成設定的所有訓練量。

第2週

「**緊實腹部所有部位（P70）**」的難度太高，所以改成間隔一天進行這個訓練。沒有做這個訓練時，改做第一週的「**消除下腹肥胖（P50）**」以及「**小腹凹下去（P52）**」的訓練，持續針對對下腹部肌肉做重點式訓練。

2週之後

剛開始訓練的時候，只感覺到腹部深處的肌肉有點吃不消，短時間看不到什麼變化，起先還挺擔心是否真的有效。但是我漸漸發現，在飲食沒有特別減少分量的前提下，不但下腹部的贅肉慢慢消失，就連脖子的線條也逐漸變得明顯了。不只如此，原本就連爬樓梯都會很吃力，而現在無論上下樓梯都變得非常輕鬆，身體很輕盈，體態變得緊實，同時也感覺到肌力變強了。

Side

教練的話

訓練內容畢竟是根據自己的狀態來設計，即使每天只有進行少量的訓練，持續努力還是能得到結果。當肌肉痠痛、不舒服的時候，並不是「不做所有的訓練」，而是適時改變內容，保持「只有做1次也好」的積極心態，這一點非常重要。

小叮嚀

看起來似乎沒有特別注意飲食內容。如果能在三餐上稍作調整，應該能夠期待更好的效果。（➡P101）

今後的訓練目標

腹部已經大致變得結實了，接下來可以規劃緊實腹肌的訓練，以練成漂亮的腹部線條為目標吧！（➡P96～99）

下腹肥胖型

瘦不下來先生

首日

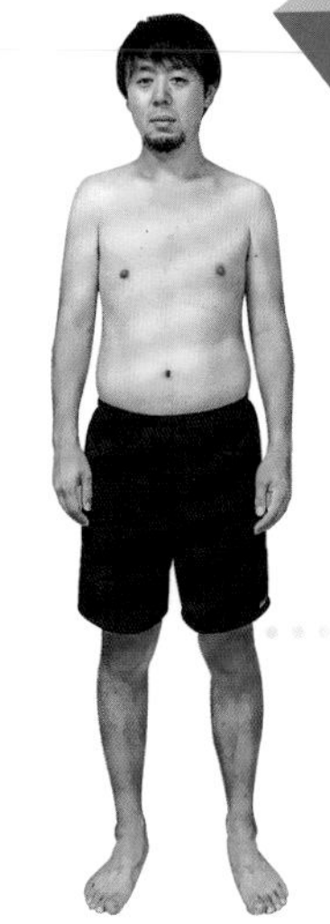

與20多歲時的食量差不多，體重卻逐步攀升。

Side

姓名
千秋廣太郎先生
年齡
34歲
身高
175cm

2週後的成果

體重	75.8kg	→ 71.9kg	-3.9kg
腰圍	93cm	→ 89cm	-4cm

做了以下的訓練菜單

第1週

針對下腹部肥胖，想要多做一些相關的訓練。一開始做「**小腹凹下去（P52）**」時，腹部感覺到很不舒服，有點吃力，不過腰圍卻一天一天減少。後來改成多做一些「**消除下腹肥胖（P50）**」的訓練，鍛鍊腹直肌。

第2週

每天依然持續做「**消除下腹肥胖（P50）**」的訓練，因此也加入第二週的訓練菜單中；此外我對「**打造小蠻腰（P68）**」感興趣，也增加了練習次數。「**緊實腹部所有部位（P70）**」的難度高，有時候會減少練習的次數。

Side

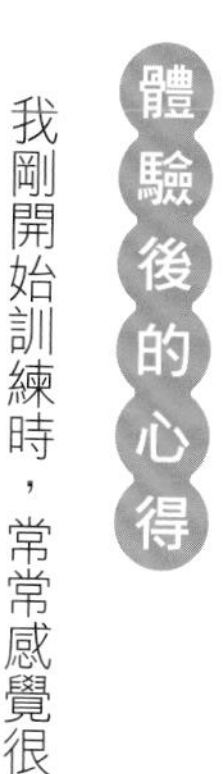

我剛開始訓練時，常常感覺很吃力，不過重複幾次練習之後，慢慢就變得習慣了，做起來很輕鬆，也能夠逐漸增加訓練的內容和難度。為了消除下腹肥胖，我在訓練菜單中特意提高鍛鍊腹直肌的比例，不過每組訓練的內容都很短，也能簡單地根據自己的程度適時調整。經過兩週的訓練後，確實感覺腹部變得結實了，不只肌肉量提高，也覺得體力比以往更好。

教練的話

我認為以腹直肌為訓練重點來消除下腹肥胖是很好的選擇，習慣訓練之後，慢慢增加次數也很棒。依照自己的程度，隨時調整適合自己的次數，正是5秒腹肌訓練的特色。只是要留意不要做過頭了，一旦感到「有點吃力」時，就要停止訓練。

建議在難度較高的訓練前後做暖身操。突然地刺激肌肉，或是在肌肉經歷高強度負荷後沒有適當保養的話，很容易造成肌肉痠痛。

今後的訓練目標

看起來已經達成初階的腹部訓練，接下來可以增加腹斜肌的訓練，以緊實的腹部為下一個階段的目標吧！

腰間肉溢出型

兩層肉肚肚小姐

首日

生了第二胎後，身材就一直瘦不回去。運動量不夠，也越來越難應付體力充沛的孩子。

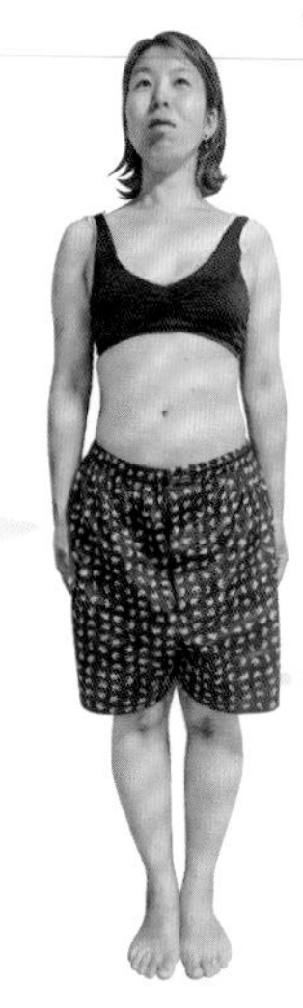

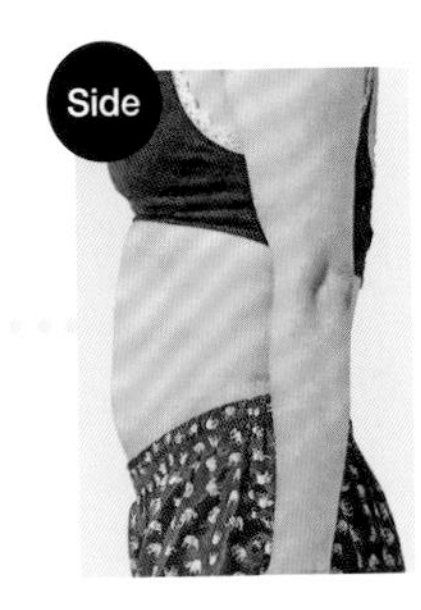

姓名
堀川 泉小姐
年齡
33歲
身高
157cm

2週後的成果

體重	53.6kg	→ 52.6kg	-1kg
腰圍	76.9cm	→ 66cm	-10.9cm

做了以下的訓練菜單

第1週

因為「**小腹凹下去（P52）**」是最輕鬆也容易持續的訓練，練習的比例較高；「**燃燒脂肪（P56）**」和「**消除腹部肥胖（P54）**」很吃力，一組動作分很多次才完成。我規劃很多維持姿勢的動作，利用看電視的零碎時間訓練。

第2週

「**緊實腹部所有部位（P70）**」很吃力，做不到的話，就增加「**消除側腰贅肉（P66）**」和「**打造小蠻腰（P68）**」的訓練，集中鍛鍊側腰。而第一週的「**小腹凹下去（P52）**」和「**燃燒脂肪（P56）**」，可以搭配做家事的空檔持續訓練。

體驗後的心得

剛開始時，我才做幾下就馬上全身冒汗，但是體重卻沒有明顯減少，因此一直懷疑這種訓練方法真的有效嗎……。但是測量過後，發現腰圍確實漸漸縮小了。全職媽媽很難確保訓練的時間，訓練內容也容易被打亂節奏，切得亂七八糟。但是兩週過後，我發現腹部有了驚人的改變，變得緊實，每次都很期待測量結果。今後也會持續下去，希望接下來能看到體重的變化。

教練的話

看起來要找出訓練時間確實不容易，但能在有限的時間裡密集地運動，便已經在腰圍上取得了很大的成果。5秒腹肌訓練正是利用零碎的少許時間也能達成效果的運動，生活忙碌的人不妨利用做家事的5分鐘空檔，或是睡前的5分鐘，試著做做看吧！

小叮嚀

燃燒後的脂肪還是附著在肌肉上，所以體重才沒什麼變化。不過提高代謝率還是可以改變體態，建議就不要太在意體重計上的數字吧！

今後的訓練目標

腹部變得結實了，接下來就試著針對各部位（➡P79）進行訓練吧！

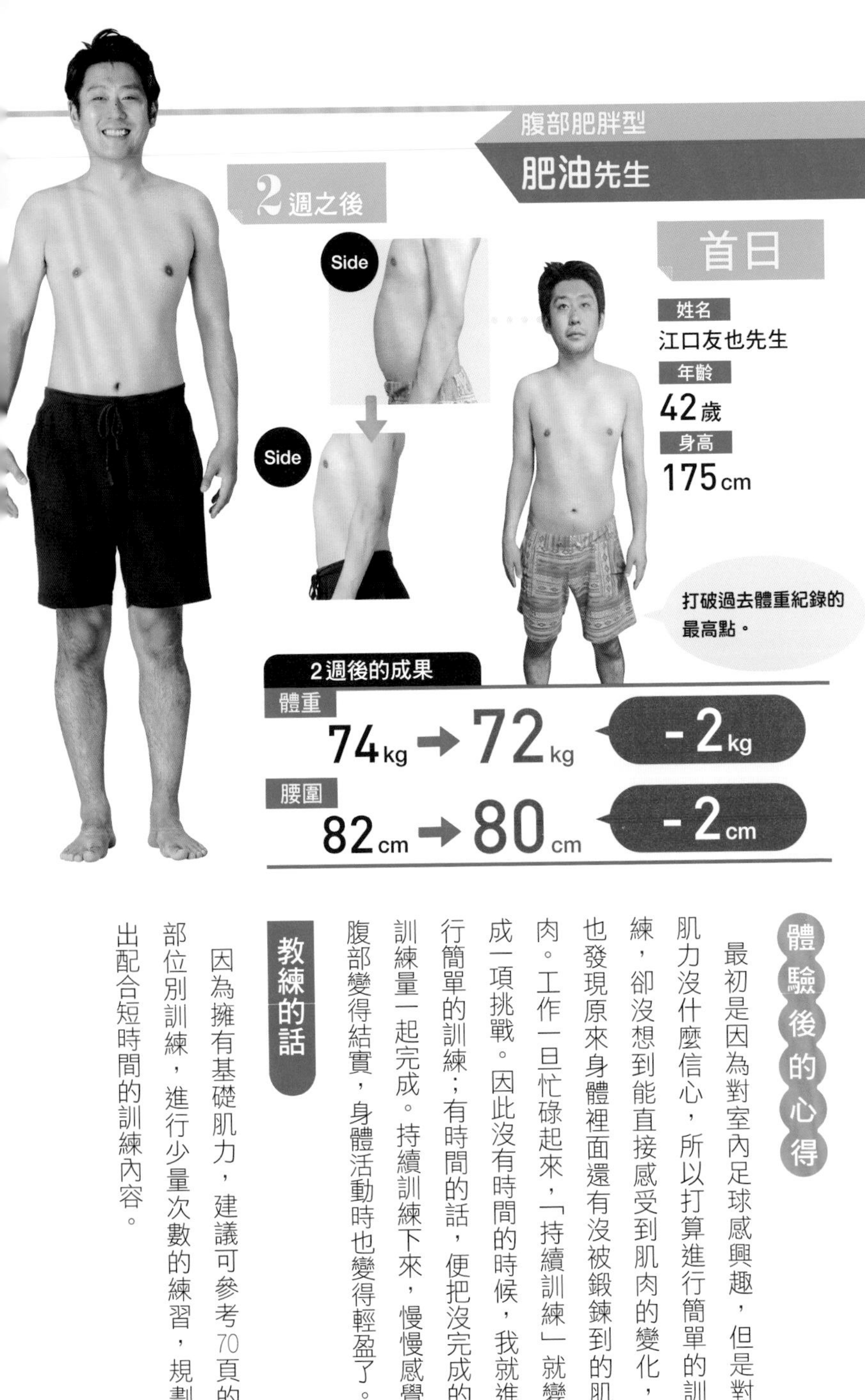

體驗後的心得

最初是因為對室內足球感興趣，但是對肌力沒什麼信心，所以打算進行簡單的訓練，卻沒想到能直接感受到肌肉的變化，也發現原來身體裡面還有沒被鍛鍊到的肌肉。工作一旦忙碌起來，「持續訓練」就變成一項挑戰。因此沒有時間的時候，我就進行簡單的訓練；有時間的話，便把沒完成的訓練量一起完成。持續訓練下來，慢慢感覺腹部變得結實，身體活動時也變得輕盈了。

教練的話

因為擁有基礎肌力，建議可參考70頁的部位別訓練，進行少量次數的練習，規劃出配合短時間的訓練內容。

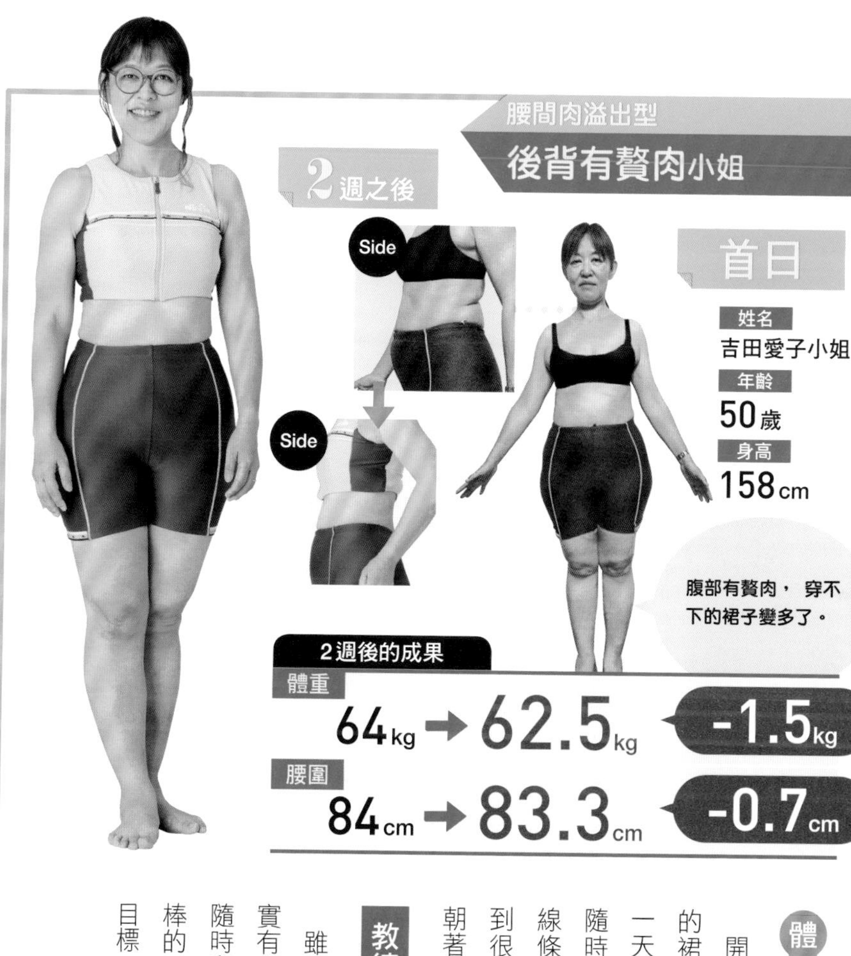

體驗後的心得

開始訓練後沒多久，我發現原本穿不下的裙子馬上就能穿上身，效果令人驚喜！一天一天地感覺到變化，也習慣了日常中隨時注意腹肌和呼吸方式。慢慢看到肌肉線條浮現，鬆弛的肚子變得緊實，讓我感到很開心，更想要繼續努力練習。接下來朝著消除下腹肥胖的目標，堅持訓練！

教練的話

雖然數字的變化不大，但是體態外觀確實有很大的改變。而且能夠在日常生活中，隨時留意收緊腹部、以正確的方式呼吸是很棒的一件事。接下來就以改善下腹部肥胖為目標，集中鍛鍊腹直肌和髂腰肌吧！

為什麼5秒腹肌有效果？

高強度的腹肌運動無效！

訓練強度高，腰背傷害也高

不少立志健身的體驗者們，經歷過不斷的挫折和失敗，這次改採「5秒腹肌」的訓練方式，最終取得了很好的成效，原因就在於他們進行了「正確的訓練」。**在此之前，他們施行錯誤的訓練方法，所以始終見不到效果。**那麼，到底是哪個環節出了差錯呢？

譬如說，很多人都會做的腹肌訓練的相關運動中，有一項是「一邊看著肚臍眼，一邊起身，向上捲起身體」，就存在著很大的錯誤。這個動作幾乎不會對腹部造成任何負荷，反而會在訓練過程中，對腰部和背部產生過度的負擔。結果就是，想要瘦身的人拼命達成練習次數，腹部卻沒有凹下去，反而身體感到越來越不舒服，心生挫折感。

在這些有過錯誤訓練的體驗者當中，也有人曾經使用可達成捲腹效果的健腹器。然而，只利用機器就想達到緊實腹部的成果幾乎是不可能的。即使不斷給予肌肉刺激，如果自己沒有全神貫注集中在想鍛鍊的部位，沒有和肌肉對話，沒有想像力的幫助，也不用期待這些機器能發揮驚人效果。與5秒腹肌訓練相比，這些訓練只能說是白白浪費時間和金錢而已。

努力也無效的訓練陷阱

全身運動後
腰部和背部都會痠痛

抱著頭、捲起上半身的腹肌運動，其實是不正確的訓練方式。這是利用手臂的力量和上半身的反作用力運動全身，不容易對腹肌產生負荷，反而會讓脖子、後背痠痛不已。

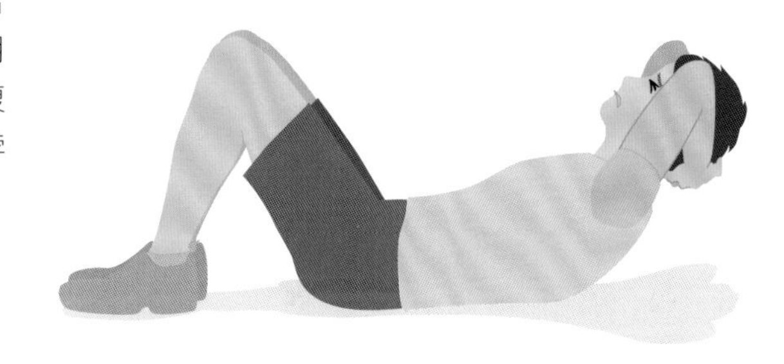

健腹器沒有效？

BAD

電視購物頻道所介紹的健腹器，往往打著「順便」刺激肌肉、輕鬆無負擔的口號。但是訓練時若沒有將注意力集中在肌肉上，其實很難產生成效。

注意！禁止運動過度

你的方法正確嗎？

為什麼努力練習都沒有效？

迄今為止，除了前述介紹的錯誤訓練方法之外，還有不少體驗者採用過其他各式各樣的方式，譬如最簡單的慢跑，期待能藉此達到瘦身效果。但事實上，受挫的人好像還真不少。

事實上，如果長時間持續慢跑下來，有一天忽然感覺膝蓋開始疼痛的話，就反而變成過度運動了。因此若是以消除腹部肥胖和減重為健身目標，筆者並不推薦這項運動。

除了運動之外，也要特別注意啞鈴等器材的訓練方式。許多女性為了讓手臂變細，每天會用啞鈴練習上下擺動的動作，但是一個月過去了，努力卻絲毫未見效果。但其實只要自己實際操作、仔細觀察，就不難知道個中原因。當我們舉起啞鈴時，會使出全身的力氣，充分鍛鍊了關節、腿部和腰部等部位，反而幾乎沒有用到手臂的肌肉。因此當各位規劃訓練內容時，一定要小心這種「我只要模仿做出這個動作，就能達到訓練效果」的一廂情願心態。

坊間有很多這類廣為流行的訓練方式，但目的往往都不是為了減肥。如果各位使用了錯誤的方法訓練，反而會招致反效果。

這種方法不會有效果！

身體負擔大的慢跑

體重過重的人慢跑，很容易造成膝蓋疼痛，建議不如改為每天30～40分鐘的健走。

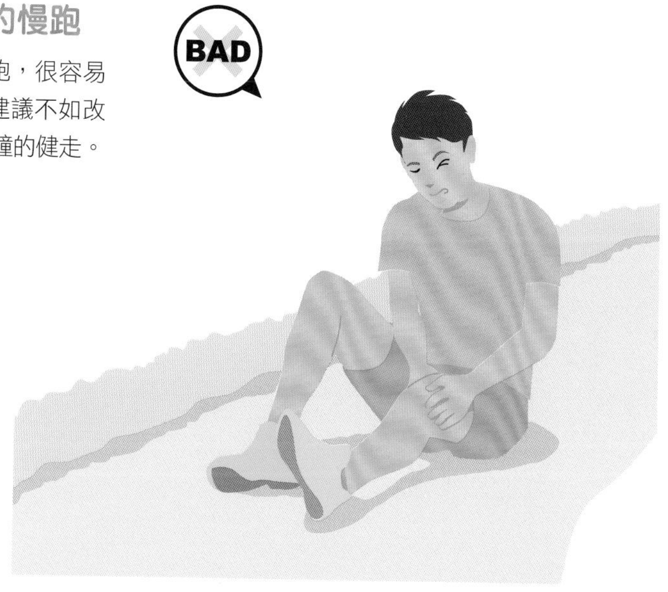

利用運動器材重複相同的動作

使用啞鈴等器材重複相同動作，只是反覆在做逆向動作而已，成效很低。不過，如果在訓練中加入5秒腹肌的「想像力」和「對話」，就會出現效果。

不只是纖瘦小腹，效益更多！

提升肌力，邁向健康之道

肌肉量增長的附加優惠

實踐了5秒腹肌訓練之後，能夠有效減少脂肪，肌肉量增加，使腹部凹下去。像這樣**「肌肉量增加」＝「肌力提升」**的訓練成效，也能夠在健康方面帶來令人意想不到的助益。

首先浮現的效果，就是**基礎代謝率提高**。當人體代謝率提高，日常生活中自然消耗的卡洛里也就會跟著提高。譬如現代人的工作型態，幾乎都需要長時間維持坐姿；但如果基礎代謝率提高的話，就能夠過上與以往經驗完全不同的生活，不容易發胖。而基礎代謝率正是與肌肉量的占比密切關聯。

代謝率提高的同時，**免疫力也會提升**。由於肌力提升，體溫變高，血液循環變好，結果就是促使營養和氧氣能夠更順暢地輸送到全身各個部位，因此增強了免疫力。體質變好，身體不會時常感到不舒服。

除此之外，鍛鍊腹橫肌和髂腰肌等深層的肌肉，可以讓**「體幹」保持優良的姿勢**。矯正不良姿勢，便能改善因為血液循環不良而引起的身體不適，像是**腰痛和肩膀痠痛**。由此可知，只要增加肌肉量，便可以獲得各種不同的健康成效。

提升肌力帶來的減肥效果
代謝率變好

「代謝」指的是燃燒脂肪轉變成熱量的過程。人體的肌肉代謝比率大約占了40％，因此鍛鍊肌肉能夠增加熱量消耗，轉變為「易瘦，不易胖」的體質。

提升肌力帶來的健康效果
免疫力提高

提升肌力可以使體溫升高，血液循環變好，促使淋巴循環也變好。如此一來，營養和氧氣就能送到全身各個部位，免疫力大幅提升。

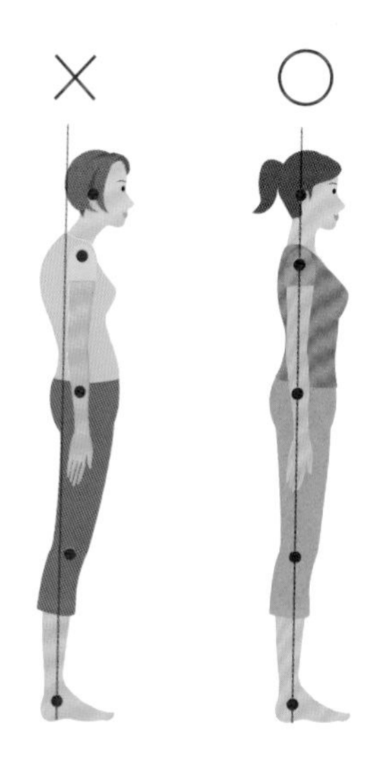

提升肌力帶來的美姿美儀效果
姿勢儀態變好看

鍛鍊腹肌，可以使身體姿態穩定，走路的儀態變得好看，不會讓全身的體重負荷集中在單一部位，也能改正骨盆歪斜的毛病。

提升肌力帶來的附加效果
改善腰痛和肩頸痠痛

肌力提升、血液循環變好的話，營養和氧氣就能順利輸送到全身，使得肌肉變得柔軟，改善腰痛和肩頸痠痛的毛病，肌肉保護身體的效能也會提高。

column 1

間隔訓練，
5秒腹肌效果更顯著

5秒腹肌訓練，是每次5秒、重複10次為一組的訓練方式。為了在兩個禮拜內見到成效，設定每天做一種訓練動作，重複多組練習；但是並不建議各位為了完成訓練，一口氣做完數組動作。各位不妨分成早上、晚上兩個時段，分別執行不同的動作；若是必須要在同一個時段完成，至少中間要有1分鐘以上的休息時間。

5秒腹肌是任何人都能做的簡單訓練，確實做完一組動作，肌肉也會產生相對應的負荷。可是當各位感到疲勞的時候，勉強自己繼續訓練並不是一件好事。不僅使訓練過程變得混亂，專注在肌肉上也會變成一種負擔，原本的訓練效果更會大為減弱。

5秒腹肌訓練的目的，並不是單純完成訓練量的運動，正確的方式是每次5秒，確實將想像畫面傳達到肌肉，這一點才是最重要的。不要著急，請踏實地進行訓練吧。

STEP

1

人人都能獲得成效

2週訓練課程

接下來就詳細介紹5秒腹肌訓練，設計為期14天的菜單，有效緊實腹部。2週過後，就能感覺到腹部的變化！以緊實的腹部線條為目標，訂立計畫吧！

2週訓練課程的重點

集中鍛鍊腹肌群

本書的第42～45頁，專門介紹了5秒腹肌的基礎訓練，再加上連續兩週，每週設計了4種不同的動作，上述內容便構成本書的「2週訓練課程」。

我們在第18頁中也已經明白，腹肌只是腹部肌肉的總稱，為了讓小腹能夠順利凹進去，自然要了解腹部各個不同的肌肉構造。而2週的訓練課程，便是針對各部位的肌肉，分別給予重點式的刺激，集中訓練，最終目的便是鍛鍊到腹部周邊的所有肌肉。

那麼，為什麼會將訓練課程的時間訂為兩個禮拜呢？這是考量到當我們想瘦身減脂、或是為了打造更好看的身材而嘗試健身時，往往會因為無法立即看到成果，難免心灰意冷，結果就無法繼續堅持下去。這次的課程設計，就是要在兩週內獲得成效，因此請放心嘗試吧。除此之外，為了讓小腹順利凹下去，也分別設計了第一週和第二週的訓練內容。

最後再次提醒各位，要確實**集中意識在想鍛鍊的肌肉部位上，不要忘記想像力的重要性，時時在大腦中與肌肉對話**。如果沒有做到這一點，就算一再重複動作，達成設定的訓練量，也絕對得不到想要的成果。

燃燒脂肪，打造肌肉！

第1週 5秒燃燒脂肪

第1週燃燒容易消除的內臟脂肪，針對腹橫肌等深層肌肉，重點式進擊！

第2週 5秒緊實腹部

第2週處理不易消除的皮下脂肪，強化腹斜肌和腹直肌等表層肌肉。

呼吸也能強化腹肌

掌握正確的呼吸法，效果加倍！

用鼻子吸氣，以嘴巴吐氣

無論是從事短跑，還是任何健身訓練，一般都非常重視「呼吸」這個環節。5秒腹肌訓練也是一樣，使用正確的方式吸氣、吐氣，可以有效提高訓練的成果。

本單元就讓我們從掌握正確的呼吸開始吧！基本上，正確的呼吸方式可分為以下兩個階段。

●以基本姿勢站定後，用鼻子吸氣

●用嘴巴吐氣，破壞腹部肌肉組織

5秒腹肌訓練就是一種鍛鍊腹部肌肉的運動，破壞肌肉組織的同時大口吐氣，可以讓腹部內腔的「腹壓」提高。

當我們呼吸時，橫隔膜會配合上升與下降，協助胸腔容納或排出空氣。而橫隔膜下方的空間，便是匯集人體眾多重要內臟的「腹腔」，腹腔裡的壓力則稱作腹壓。也就是說，由於腹肌位於腹腔周邊，當我們吸氣時，腹壓提高，從而壓迫到腹部附近的肌肉，因此能夠使5秒腹肌訓練中最重要的關鍵——破壞腹部肌肉組織，發揮出更為顯著的效果。

不過各位也要特別留意，根據訓練內容不同，呼氣和吸氣時所配合的動作也會不一樣，進行訓練前務必要再三確認。

養成正確的呼吸習慣

1 鼻子吸氣

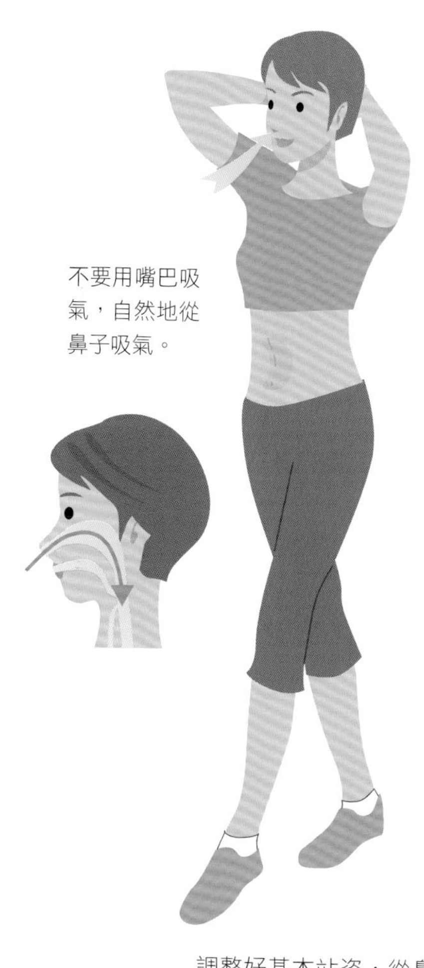

調整好基本站姿，從鼻子吸氣，同時也讓腹部凹下去。

2 嘴巴吐氣

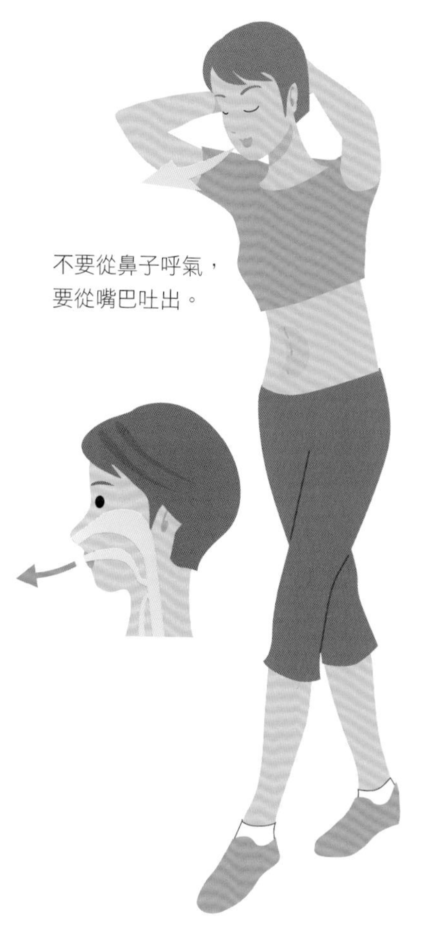

吸氣時，腹肌會產生力量；用嘴巴吐氣的同時，一同破壞腹部肌肉組織。

想像壓扁空飲料罐的畫面

鍛造腹直肌的基本5秒腹肌

基本 ❶

10次

1天2組

雙手握拳
盡可能抬高手肘

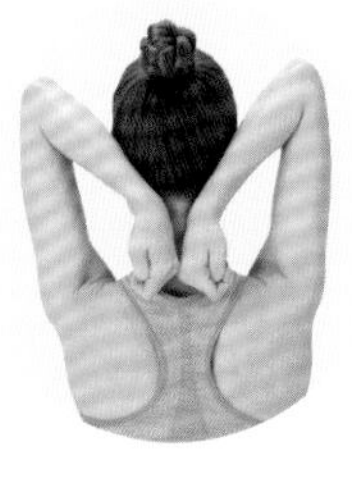

1 雙手握拳抵住脖子後面

將雙手握拳，抵住後頸下方，小指靠著脖子固定不動，讓腹直肌確實伸展。這樣可以使肌肉組織的破壞效果更顯著。當肌肉伸展時，用力吸氣。

左腳往前踏一步，
利用地板向上的反作用力往回推，
由下而上傳送破壞腹部組織的力量

提起腳跟

2 吐氣，腹部用力 上半身往前傾，停留5秒

持續吐氣，腹部和左腳慢慢開始出力，腰部不彎曲，只有上半身往前傾。傾倒後屏住呼吸，在壓縮腹直肌的狀態下停留5秒。接著吸氣，回到原本姿勢。重複10次。

右腿容易跟著脖子一起下彎，結果連頭也跟著低下去。這樣腹部無法用力，訓練也就沒效了。

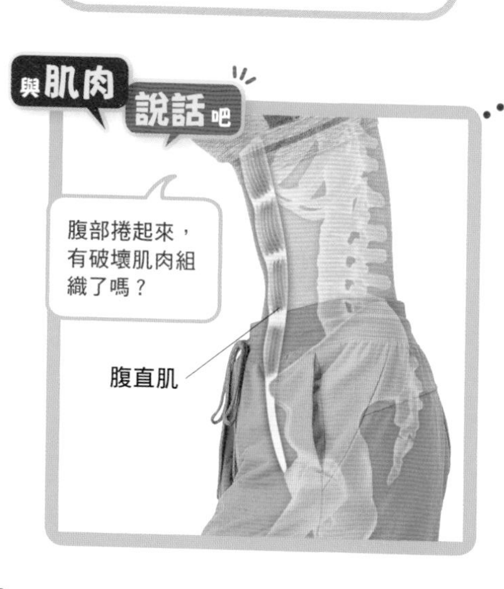

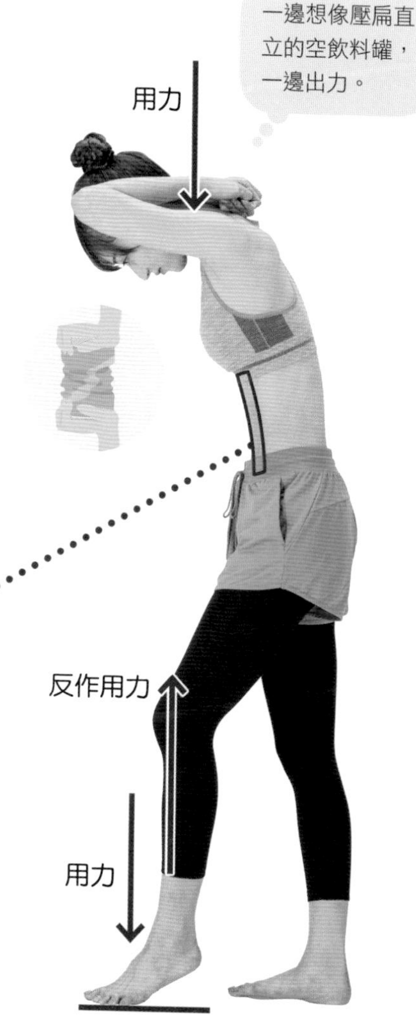

想像手風琴伸縮的畫面

鍛造腹斜肌的基本5秒腹肌

基本 ②

左右各10次

1天2組

1 左右腳打開 右手置於脖子後 左手放在肚子上

右手握拳，放在後頸下方，小指靠著脖子固定不動。抬高手肘，伸展腹斜肌，左手放在肚子的右邊。右腿打開至與肩同寬，用力吸氣。

2 腹部用力的同時 上半身倒向右邊，停留5秒

維持伸展背部的姿勢，右腳用力，讓上半身倒向右邊。維持傾斜姿勢，屏住呼吸，停留5秒。接著回復呼吸，回到原本姿勢。每隔10秒鐘重複動作，另一側也以相同方式訓練。

臀部向上提，會使上半身大幅彎曲，也會使動作進行得太快，腹部無法產生力量，自然不會產生效果。

左手確認腹斜肌是否變硬，確定有確實產生效果。

想像腹部周邊就像手風琴，收縮周邊的肌肉。

用力

腹部用力，骨盆抬高破壞肌肉組織

反作用力

用力

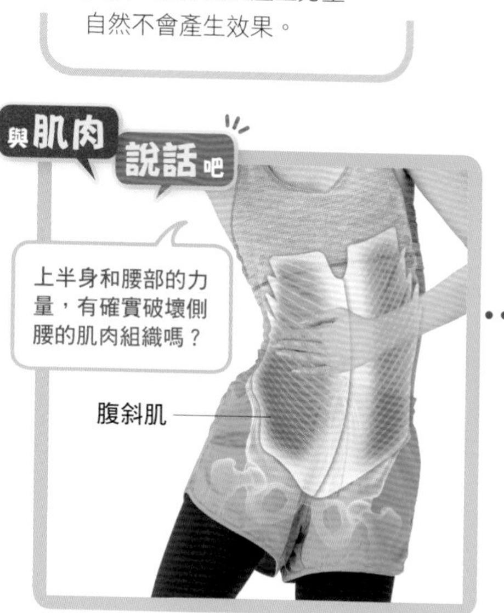

強化5秒腹肌的效果！

訓練前的伸展操

鬆弛肌肉，活動更靈活

在開始5秒腹肌訓練之前，請一定要先確實做好暖身操。日常生活當中，我們常會因為運動量不足，或是情緒緊張、壓力較大，使得肌肉長期處於緊繃，若是在這樣的狀態下進行訓練，效果難免有限。因此如果能在訓練之前，先透過暖身操舒展肌肉，活絡血液循環，便能夠更加強化5秒腹肌訓練的成效。特別是深感自己平時運動量不夠的人，請務必要把暖身操加入訓練課程！

伸展大腿

舒展大腿和僵硬的背部，使身體回復柔軟

次數
左右各5次

1 兩腿併攏 雙手舉高

兩腿併攏站直，雙手舉高，吸氣。

2 抬起左腿 右肘碰左膝

吐氣的同時抬起左大腿，雙手往下，以右手肘碰左膝蓋，最後回復原本的動作。左右交替，重複各做5次。

手肘無法碰到膝蓋也不要緊，盡可能靠近就好

伸展腳後跟

使僵硬的髖關節變得柔軟的伸展運動

次數
左右各5次

1 雙手橫向張開

兩腿併攏站直，兩手張開，與地面平行，接著吸氣。

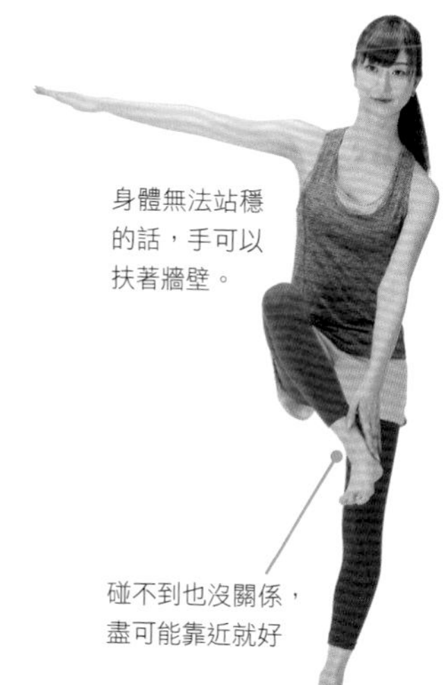

2 手碰腳後跟

吐氣時抬起右腿，以左手碰觸腳後跟，回復原本動作。左右交換，重複各做5次。

身體無法站穩的話，手可以扶著牆壁。

碰不到也沒關係，盡可能靠近就好

抬腿伸展

讓長期坐著的大腿和臀部回復柔軟的伸展運動

次數
左右各5次

1 雙手舉過頭頂在上方交握

保持直立站姿，右腳向後退一步，雙手舉過頭頂在上方交握，用力深呼吸。

2 手碰腳尖

吐氣的同時，右腿向前踢高，雙手碰觸腳尖。重複5次，另一腳也做相同的動作。

踢不到也沒關係，盡可能靠近就好。

伸展背部

可以有效舒展阿基里斯腱和大腿等各部位

次數
左右5秒×1次

1 直立站好 用力深呼吸

兩腿併攏站好，用力深呼吸。

2 上半身向下壓 單手舉高

吐氣時，右腿大步向前踏出，膝蓋彎曲呈現直角，左手向上舉高，維持姿勢停留5秒。另一邊也做相同的練習。

上半身扭轉伸展

有效舒展肩膀、脖子、大腿內側的伸展運動

次數
左右5秒×5次

1 雙腿打開，重心向下

雙腳打開，膝蓋彎曲成直角，腰部重心向下，用力深呼吸。

2 扭轉上半身

左肩膀向前傾斜，從腰部開始扭轉上半身，扭轉至極限後停留5秒。另一邊也做相同的練習。

第1週

5秒燃燒腹部的脂肪

第一週，為了燃燒腹部脂肪，要鍛鍊腹橫肌、髂腰肌等深層肌肉。這些肌肉訓練能夠使第二週的課程，施展得更見成效。

想像不要讓水溢出的腿部運動

以髂腰肌支撐雙腿消除下腹肥胖

1星期

10次

1天2組

1 手臂撐頭，稍微抬高雙腿垂直重疊

雙手握拳，放在頭後下方，小指輕靠脖子，固定位置不動，頭稍微抬高。左腳趾尖頂著右腳的腳後跟。

2 左右腳交互走向天花板 數到5秒鐘

持續吸氣，一邊數5秒鐘的同時，左右腳交疊向上走，最後腳底板朝向天花板。到達天花板後，慢慢吐氣，左右腳交疊退回原本的姿勢。重複10次。

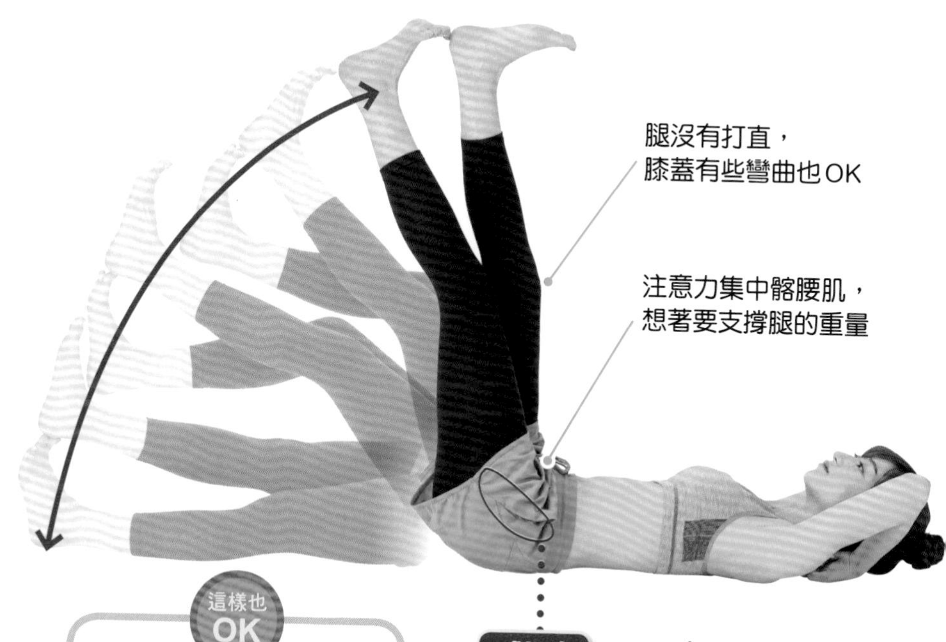

這樣也OK

如果腿無法抬到垂直高度的話，就抬到自己可以做到的範圍即可。就算只是稍微讓髂腰肌支撐腿的重量，也能起到訓練效果。

想像伸手按腳踝的開關

破壞腹直肌的組織 小腹凹下去

1 星期
10次
1天 2組

1 臉朝上平躺，膝蓋抬高 用力深呼吸

臉部朝上平躺，曲起膝蓋，雙手往後擺出像是喊「萬歲」的姿勢。眼睛向上看，用力深呼吸。

感覺脖子不舒服的話，可以在脖子後墊著毛巾，調整角度

2 一邊吐氣，手腳一邊向上舉起 手碰到腳踝後，停留5秒鐘

一邊吐氣，一邊慢慢將手腳向上舉。當手碰到腳踝後，在腹部出力的狀態下停留5秒。接著慢慢吸氣，回復原本的姿勢。重複10次。

在1的動作時大腿向身體靠攏，手放在小腿上，再往上伸展去觸碰腳踝。這個動作簡單很多，卻也能破壞腹直肌組織。

想像用腿釣魚，並保持全身平衡

對腹橫肌、髂腰肌施壓消除腹部肥胖

1 星期
10次
1天2組

1 以臀部為重心，曲膝坐下手放後方撐住身體

坐下時，身體的重心放在臀部，膝蓋彎曲，手放在後方的地板上撐住身體。調整好姿勢，大口吸氣。

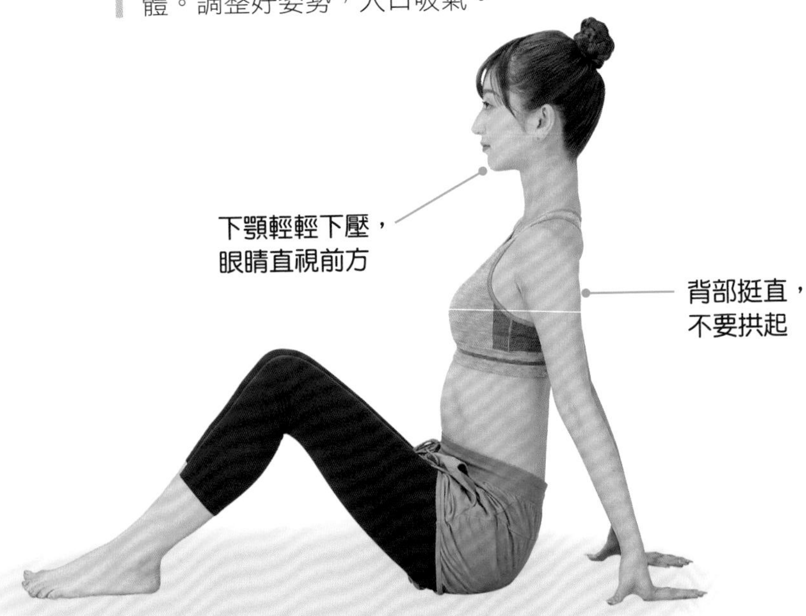

2 手腳離地 保持平衡，停留5秒鐘

手腳同時離地，膝蓋伸直，只有臀部接觸地面，利用雙手保持平衡，慢慢吐氣。停留5秒後，接著吸氣，手腳回復原本的姿勢。重複10次。

想像建造一座拱橋，連接懸崖兩岸

強化腹橫肌的負荷力燃燒脂肪

1 星期
10次
1天2組

1 以手臂和腳尖支撐身體

用兩手前臂、兩腿腳尖，支撐起全身重量。腹部用力，將臀部向上吊起。調整角度，要能感覺到腹橫肌在抖動，大口吸氣。

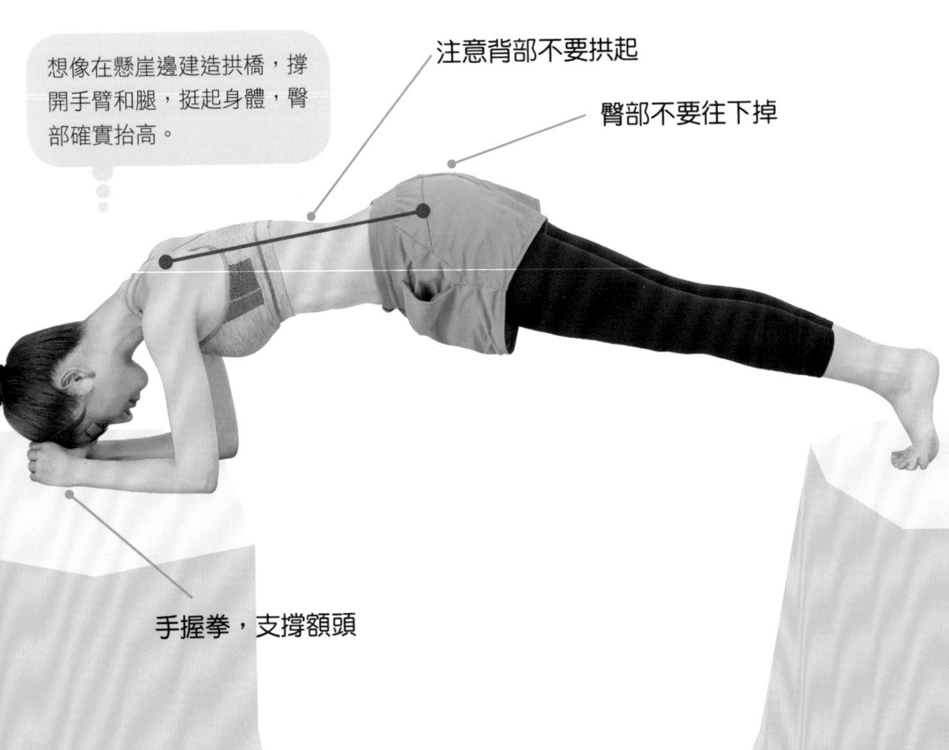

2 數到5秒鐘，腰部慢慢放下

慢慢吐氣，緩緩將腰部放下，數到5秒。當膝蓋快要碰到地面時，接著吸氣，再慢慢回復到原本的姿勢。重複10次。

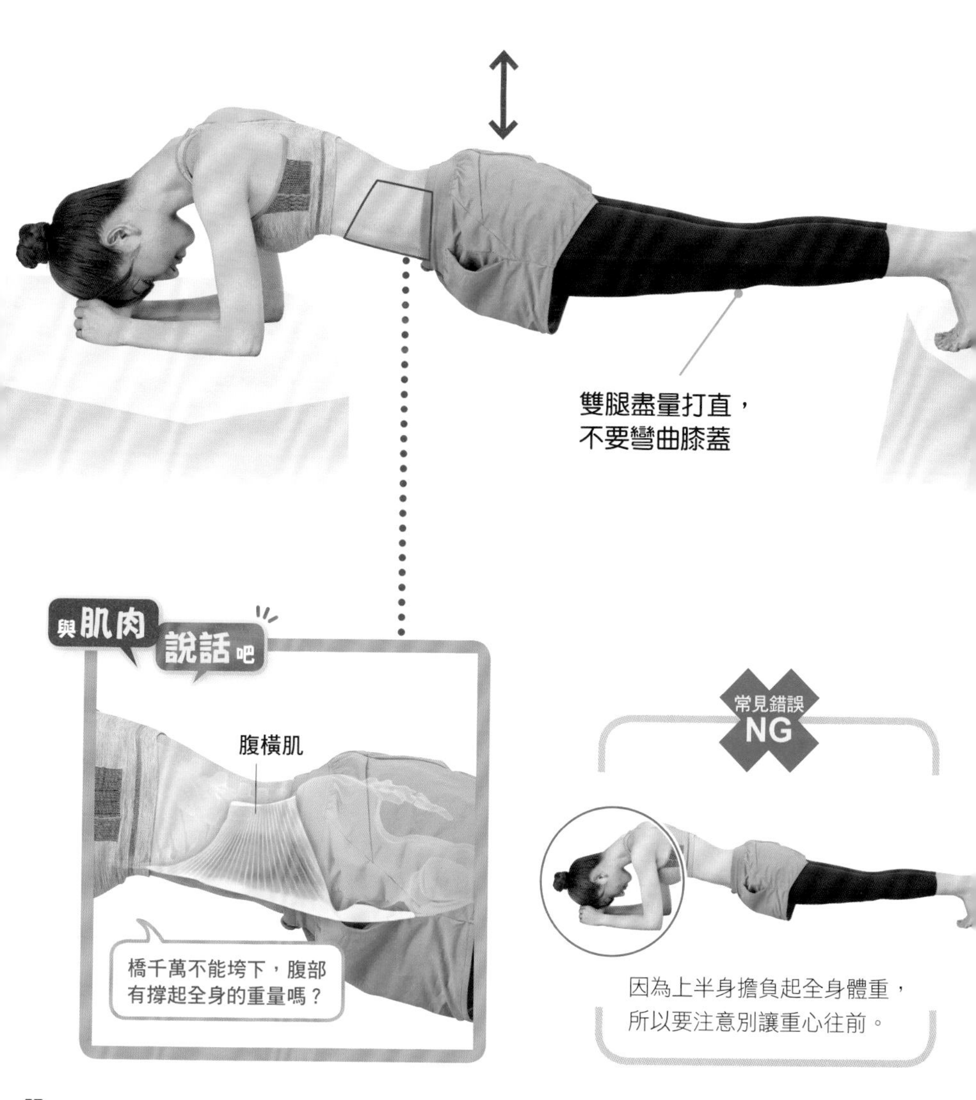

本週複習 5秒燃燒腹部脂肪 Q&A

第一週的訓練結束，腹部脂肪到底有沒有確實燃燒呢？針對體驗者的疑惑和不安，老師親自來解答！

體驗者想問

當我進行「消除下腹肥胖（P50）」的訓練時，因為很容易就做到，感覺好像沒什麼運動到耶……

堀川小姐

注意膝蓋彎曲的角度不能太大！如果感覺膝蓋有負擔的話，就減少次數吧！

在做腿部的動作時，雖然膝蓋不一定要伸直，但是彎曲角度太大的話，就感覺不到腳的重量，肌肉幾乎沒有產生負荷，這樣就達不到效果了，即使完成訓練次數也沒有意義。**如果感覺太吃力的話，可以在過程中稍作休息，記得要做到正確的姿勢。**

千秋先生

體驗者想問

當我做「小腹凹下去（P52）」的訓練時，比起碰到腳踝，抓住腳踝的動作還比較容易做到……

體驗者想問

雖然可以摸到腳踝，但很難一直維持動作啊。

江口先生

請依照前面說明，用手摸而不要用抓的。要多用腹部的力量來達成！

畢竟這是鍛鍊腹部肌肉的訓練，如果用抓住腳踝代替觸摸的動作，會變成用手臂的力量來維持姿勢。這麼一來，破壞腹部肌肉的效果就會大打折扣，因此不建議改成抓住腳踝。**這個動作的用意旨在破壞腹部肌肉組織，因此要堅持用觸摸來完成。**就算無法持續5秒，也要試著挑戰自己的耐力極限。

吉田小姐

體驗者想問

在「消除腹部肥胖（P54）」的訓練裡，膝蓋伸直的動作實在太吃力了，沒辦法做到呢。

體驗者想問

我無法保持平衡，會一直搖搖晃晃的。

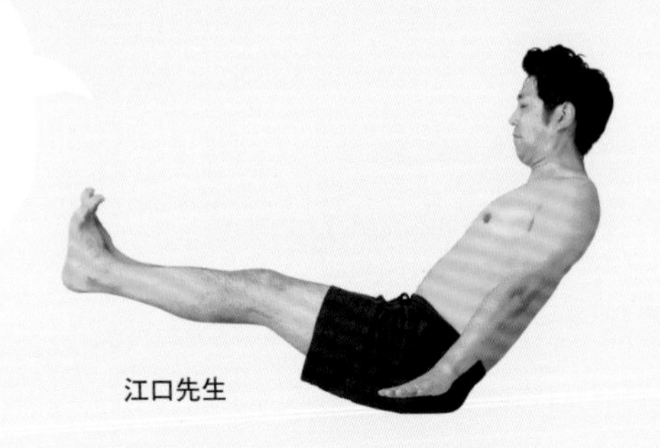
江口先生

並不是一定要做到和範例完全相同的姿勢，重點是將注意力集中在腹部！

本來每個人的肌肉量和運動能力就有個體差異，我想一定有人無法做到書裡的示範姿勢。不過，抓不到平衡感的話，這其實也是腹橫肌量不足的證據。首先就從「這樣也OK」的動作開始做起，先用手撐住身體重量來練習。**如果膝蓋伸不直的話，可以稍微彎曲膝蓋，讓腿向上浮起來，增加腹部的負荷。**

體驗者想問

「燃燒脂肪（P56）」的訓練很吃力，做到最後變成了膝蓋碰地板的靜止動作。但是到後來也流了很多汗，這樣有效嗎？

堀川小姐

佐久間小姐

體驗者想問

維持姿勢會很吃力，也很難把腰部降下來。

只要身體重心不是集中在上半身，稍微改變姿勢也都OK！

拱橋運動是鍛鍊腹部核心肌群的訓練，一定會比較吃力，但只要堅持下去就能看到成果。但如果怎樣樣都做不到的話，不妨稍微減輕負荷強度，**就算是膝蓋碰地維持姿勢也有效**。只有一點不要忘了，別把身體重心放在上半身，要有意識地集中在腹部。

基本訓練，是能夠以高效率得到較高成效的捷徑。

確認一下第1週的重點整理，期待訓練效果吧！

□ 訓練之前做暖身操了嗎？

➡給予肌肉刺激之前，利用暖身操鬆弛肌肉，可以減少肌肉痠痛的風險。5秒腹肌訓練不是激烈的運動，即使不做暖身操，受傷的機率也不高；只是做過暖身操，更能提高訓練的效果。

□ 肌肉有確實感覺到負荷嗎？

➡肌肉沒有感覺到負荷的話，有可能是做法有誤。要確實熟記動作，與鍛鍊部位的肌肉「認真對話」吧！做起來很輕鬆、原本體力就不錯的話，也可以增加次數或組數喔！

□ 確實數5秒、靜止維持姿勢了嗎？

➡集中注意力，做好正確的動作，還要注意呼吸，這時候就容易忘了要準確地計算5秒鐘了。為了習慣一邊呼吸、一邊數5秒，建議可以先在身體不動的狀態下練習看看。而容易數太快的人，也可以看著時鐘的秒針來練習，這也是個好方法。

□ 一點點也好，每天都有不間斷做訓練嗎？

➡兩個禮拜的課程時間實在很短，只要有一天偷懶，就無法達成效果了。至少每天要做一種練習，隔天再把沒有做到的練習量補回來，盡可能完成每週的訓練次數吧！

第2週

5秒緊實腹部的肌肉

第一週的訓練結束後，進入緊實腹部肌肉的第二週訓練。本章將介紹4種訓練方式，有效集中鍛鍊腹斜肌與腹直肌，打造出漂亮的肌肉線條。

想像用雙膝畫出大彩虹

伸展腹斜肌 緊實側腹

2 星期

10次

1天 2組

1 雙手交扣放在脖子後固定不動

躺下後雙手交扣，放在脖子後方固定不動。彎曲膝蓋朝上，雙腳併攏，用力吸氣。

2 保持膝蓋併攏 數5秒鐘，雙腿慢慢往右倒下

保持膝蓋併攏，緩緩吐氣，讓雙腿慢慢往右側倒下。數到5秒後開始吸氣，讓雙腿回到原本位置，接著往左邊重複相同動作。完成左右兩邊動作算一次，重複10次。

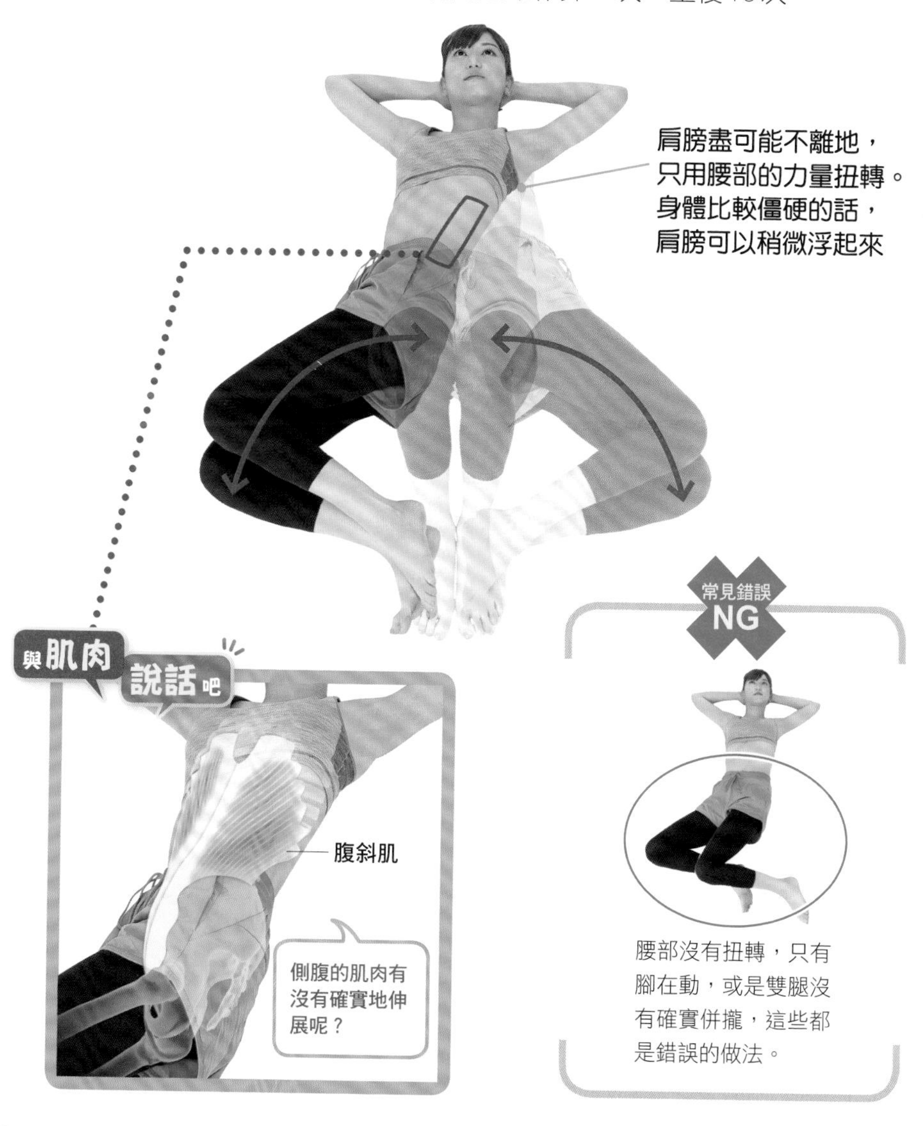

想像用腳舉起厚重的棉被

壓迫腹斜肌 消除側腰贅肉

2 星期

左右各 10 次

1天 2組

1 雙膝彎曲，左膝呈90度 抬至肚臍附近的高度

向右橫躺，右膝稍微彎曲，左膝則彎曲呈90度，並抬到靠近肚臍的位置。調整好姿勢後吐氣。

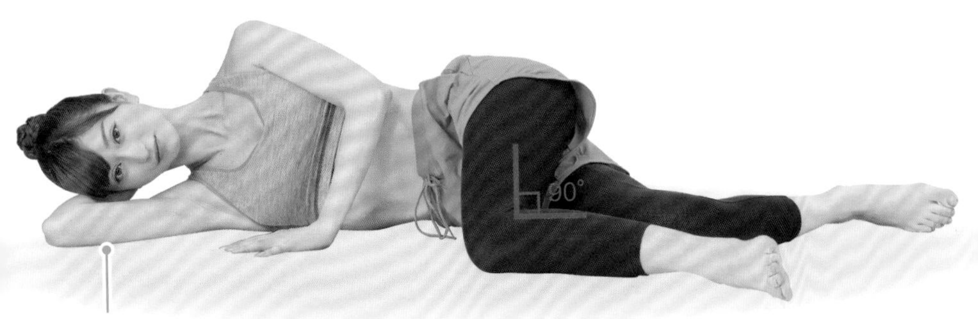

手臂墊在頭下，保持姿勢穩定

2 數5秒鐘，慢慢把腿往上抬

吸氣的同時，保持膝蓋彎曲，數5秒鐘慢慢把腿往上抬。上半身依然保持側躺的姿勢，將注意力確實集中在側腰部位。舉高到極限後，一邊吐氣，同時注意讓膝蓋保持彎曲，回復到原本的姿勢。重複10次，接著換右腿做相同動作。

上半身沒有確實側躺的話，就無法達到效果。另外也要注意膝蓋的彎曲角度。

隨著腹斜肌的運動，也能同時鍛鍊穩固髖關節的髖外旋肌。

想像用腳提起貨物

收縮腹斜肌 打造小蠻腰

2 星期

左右各 10次

1天 2組

1 彎曲右膝，左腿伸直 左腳只有大拇趾碰地

身體面向右邊橫躺，右膝稍微彎曲，左腿的腳尖伸直，用大拇趾的側面觸地，保持側身碰地的姿勢。

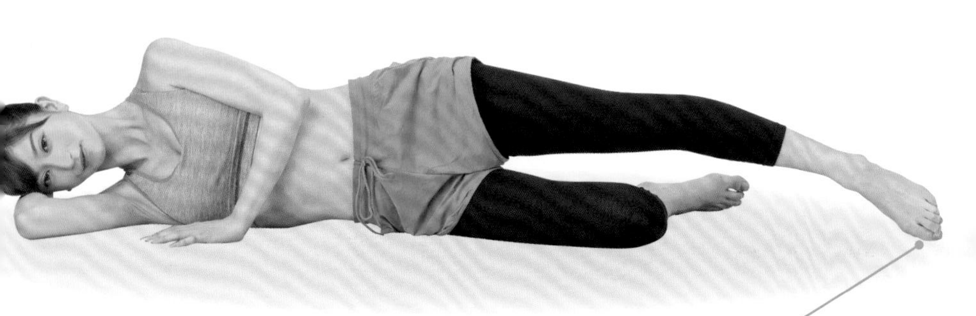

2 腿的角度維持不變 數5秒鐘，慢慢抬起左腿

注意維持左腿的角度不變，一邊吸氣，腹斜肌用力，數5秒慢慢抬起左腿。到達極限後慢慢吐氣，回到原本位置。重複10次，接著換右腿做相同動作。

向上抬腿時，注意趾尖的方向

抬腿時，注意力集中大腿，動作不要太快

腰部以上的身體保持不動

若是以手肘支撐頭部重量時，要注意背部不要歪斜。

與肌肉說話吧

腿抬高時，側腰部位的肌肉有收縮到嗎？

腹斜肌

也能鍛鍊臀部後面的臀中肌。

想像在比拔河比賽，用盡全力拉

伸縮腹肌各部 緊實腹部所有部位

2星期

左右各10次

1天2組

1 右手和左腳支撐身體重量 左手肘和右膝蓋互碰

右手肘和左膝蓋與地面呈直角，撐住身體重量，以左手肘和右膝蓋互碰。

想像左手和右腳在比拔河，用力拉扯繩子的兩端。

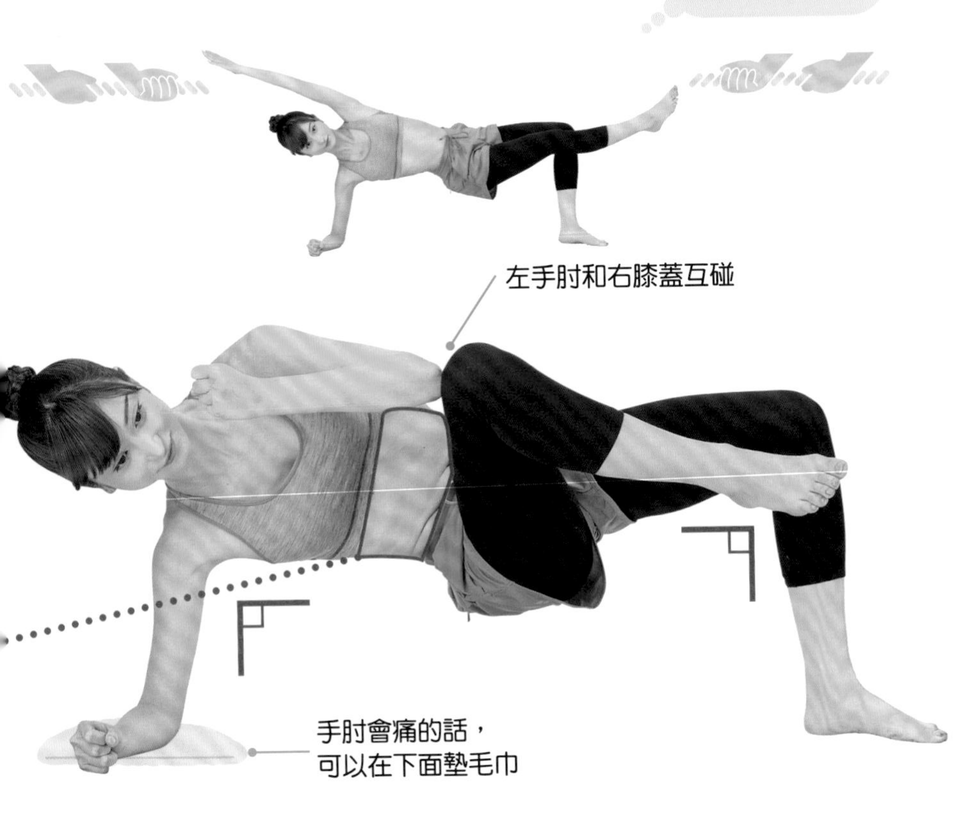

2 一邊吸氣 左手肘和右膝蓋往前伸直

一邊吸氣，一邊數5秒，慢慢將左手肘和右膝蓋往前伸直，直到氣吸飽、伸展到底，然後屏住呼吸，維持姿勢。接著想像從腹部洩氣一樣，慢慢吐氣，讓左手肘接近右膝蓋，回復原本姿勢。重複10次，接著換另一邊做相同動作。

隨時注意膝蓋到手臂要呈直線

注意臀部不要往下掉。

常見錯誤 NG

全身（特別是肚臍）面向天花板的方向是錯誤的姿勢，要注意保持身體面朝側面。

與肌肉說話吧

左手肘和右膝蓋慢慢靠近，壓縮腹部肌肉！

本週複習 5秒緊實腹部肌肉 Q&A

第二週鍛鍊的是日常生活中不太會使用到的肌肉。接著讓老師來告訴你有沒有正確刺激肌肉吧！

體驗者想問

我在做「緊實側腹（P64）」的訓練時，實在不太懂「從腰部扭轉」是指哪個部位？

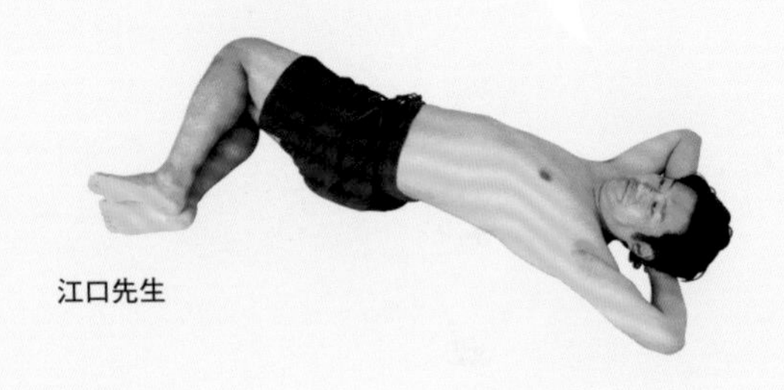

江口先生

只要雙肩碰地，扭轉到可以承受的程度吧！

這個訓練的要點是盡可能保持肩膀不動，**腿併攏，從腰部開始大角度扭轉**。雙腿往一側倒下，一邊正常呼吸，一邊能感覺到腹斜肌伸展開來，這就是有效的訓練了。**平常不太伸展的肌肉，只要延展到極限就能達到有效刺激**。另外，身體僵硬的人肩膀多少會往上浮起來，這還在可容許的範圍裡，一次次確實地做到大角度扭轉，感覺肌肉的收縮吧！

體驗者想問

我在做「消除側腰贅肉（P66）」的訓練時，一開始腿完全無法抬高，但重複幾次後，慢慢就可以抬高了！

佐久間小姐

堀川小姐

體驗者想問

腿實在抬不起來，就算努力抬起來，也會覺得鼠蹊部很痛。

每天的訓練也能帶來肌肉恢復柔軟的效果！

因為柔軟度的問題而做不到的訓練，可以藉由重複練習，漸漸達成目標。這是因為訓練本身也需要利用柔軟度，不要因為身體僵硬做不到而放棄，請務必堅持下去，這樣才能慢慢感覺身體變得更柔軟了。另外，**這些訓練會確實地體會到腿的重量，這才是正確的。**每次抬到可以抬高的範圍就好，不用勉強自己，加油吧！

體驗者想問

「打造小蠻腰（P68）」的練習，會讓我感覺很吃力，所以把腿抬高時，大拇趾還是會變成指向地板的角度。

吉田小姐

那就在大拇趾不指向地板的角度範圍內抬腿吧！

腳尖的角度若是改變，腹斜肌的負擔就會變輕，這樣就無法有效地破壞腹斜肌組織了。如果抬腿時，無論再怎麼練習，角度都還是會改變的話，那就在**不改變角度的範圍內抬腿吧！**勉強抬腿的話，只會造成腰和腿部疼痛，根據自己的程度練習吧！

體驗者想問

當我在做「緊實腹部所有部位（P 70）」的訓練時，每當我伸展手和腳的時候，肩膀背部會有快要抽筋的感覺。該怎麼辦才好？

體驗者想問

為什麼臀部會往下掉？總是沒辦法持正確的姿勢。

佐久間小姐

勉強繼續訓練，只會造成腰痛。在肌肉成形之前，選擇其他的訓練方式吧！

這個訓練是緊實腹部所有的肌肉，如果腹部的力量不夠，特別是腹橫肌力量不夠的話，就會造成肩膀和背部過度用力，導致肌肉抽筋而無法長時間維持姿勢。**如果還勉強繼續練習，就會造成肩膀和腰部疼痛。**無法做到的人，可以增加第一週的訓練內容，**鍛鍊腹橫肌幾天，之後再挑戰看看**，應該就能順利達成了。

2週訓練課程之後

雖然肌肉不會馬上退化

完成兩個禮拜的訓練課程後，各位應該多少有感覺身體出現一些變化了吧？如果沒有體會到任何變化的話，請往前翻開體驗者的提問章節，確認一下是否仍有需要改進的地方；或者複習各個訓練中「與肌肉說話吧」的小專欄，調整方式再試試看。**初學者剛開始練習時，可能會習慣以慣用姿勢完成，沒有注意到關鍵的肌肉部位，導致訓練成效不彰。**

當各位持續兩個禮拜的訓練，贏得成功經驗後，接下來的一步才是最重要的——你們得要繼續堅持訓練下去。用兩個禮拜的時間努力打造出來的肌肉，雖然不會因為偷懶一天就馬上消失不見，然而，如果不持續運動的話，肌肉確實會慢慢退化，因此繼續使用這些肌肉是很重要的一件事。

但是，我們一般在日常生活中做出的各種動作，都很少有機會使用到腹肌。因此，**從今往後，請各位盡量保持每日1組的訓練規律。**除此之外，也要盡可能留意後面的STEP3將會介紹的飲食生活注意事項，結合飲食調整，為了不復胖而更加努力。如果想要更進一步，以瘦身減脂為目標的話，不妨嘗試提高2週課程內容的強度，相信也能獲得不錯的成效。

檢視成果，延續不同的計畫方針

效果不大 還想要變得更瘦！

5秒腹肌訓練不只是鍛鍊肌肉，同時也有塑身運動的效果，自然可以達到增加肌肉量的效果。完成2週的訓練內容後，腹部的脂肪應該有減少，雖然在體重和腰圍數字上看不到明顯的變化，但身體中的肌肉量確實有增長。只要注意每天的飲食沒有過度增量，基礎代謝率便會增加，持續訓練就能見到成果了。

很有效！ 繼續以理想體態為目標

因為外在環境變化而突然變胖的人，應該比較容易在兩週訓練之後得到成效。5秒腹肌的訓練效果，很容易消除剛開始變胖時的內臟脂肪，今後如果感覺運動量不足的話，就定期進行5秒腹肌的練習吧。另外，也建議各位不妨把STEP 2的部位別訓練加入訓練菜單中，往更高的目標勇往直前吧！

完全沒有效果 感覺非常挫折……

請再次確認所鍛鍊的肌肉部位，是不是每次都有確實產生負荷呢？習慣訓練動作後，每次練習是不是只是機械性地完成規定的次數呢？如果訓練無法順利進行，導致遲遲見不到成效，就很有可能是深層肌肉的肌力不足，才會難以維持身體的姿勢和平衡感。首先，就從確實鍛鍊腹橫肌開始，正確地展開訓練，打好基礎吧！

效果顯著 身體也不容易復胖

兩個禮拜就能體會到效果，可見訓練方法很正確，這份訓練計畫也非常適合你，恭喜！因為肌肉確實形成了，訓練時做起動作也變得輕鬆起來，接下來就可以增加每天的訓練次數，或是加強兩週訓練課程中比較不擅長的練習，集中鍛鍊某一部位。持續訓練，習慣成自然後，應該就能變成不易變胖的體質了。

第2週的總整理

第2週的訓練內容有許多需要留意的要點。
確認一下重點整理，適時調整，持續不懈地練習吧！

☐ 再次確認第一週的總整理

➡第一週的訓練中，有「感受負荷」和「慢慢數5秒」等重要細節。第二週的訓練中，要感受腹部以外的其他部位都有出力，當中也有較困難的動作。這部分的重要性都和第一週相同，要確實且全神貫注地執行。

☐ 遇到難度高的訓練時，增加第一週的訓練內容

➡第二週有許多難度高的訓練，做不到的話，就換成第一週的訓練內容吧！感覺第二週的內容很困難，是因為所需要的基礎肌肉量不足的關係，應該在做第一週的練習時也有感到吃力的部分。回到第一週的訓練，確實打好基礎後，再做第二週的練習吧！

☐ 每天記錄身體的變化

➡我想大家都知道，保持減肥的動機很重要。從鏡子裡親眼見證變化最能讓人感到開心，不過，每天量體重和腰圍，記錄身體的變化也同樣重要。數值會直接影響訓練量和飲食內容，當成矯正日常生活的壞習慣也行，好好留下紀錄吧！

☐ 訓練成果也要在日常生活中實際感受

➡即使沒有明顯感覺到體重和腰圍的變化，但只要正確執行訓練，仍然可以有效增加肌肉量。試著在購物或是通勤時改爬樓梯、搭電車時不要坐著改為站著，通勤時光或許不再像你想像中那樣疲憊喔。

STEP

2

持續挑戰你在意的地方！

部位別的訓練

兩個禮拜的訓練課程，是不是讓腹部變得緊實了呢？接下來，除了腹部，也要加入上臂、胸部、臀部和腿，針對其他的部位進行鍛鍊，加以改造，更要挑戰雕塑出漂亮的腹肌線條！

消除鬆弛肌肉 打造漂亮手臂線條①

左右各 10次
1天 3組

1 雙手放在身後 左手抓住右手腕上方位置

抓住手腕，伸展右手肘，同時右手往右邊、左手往左邊用力拉緊，深深地吸氣。

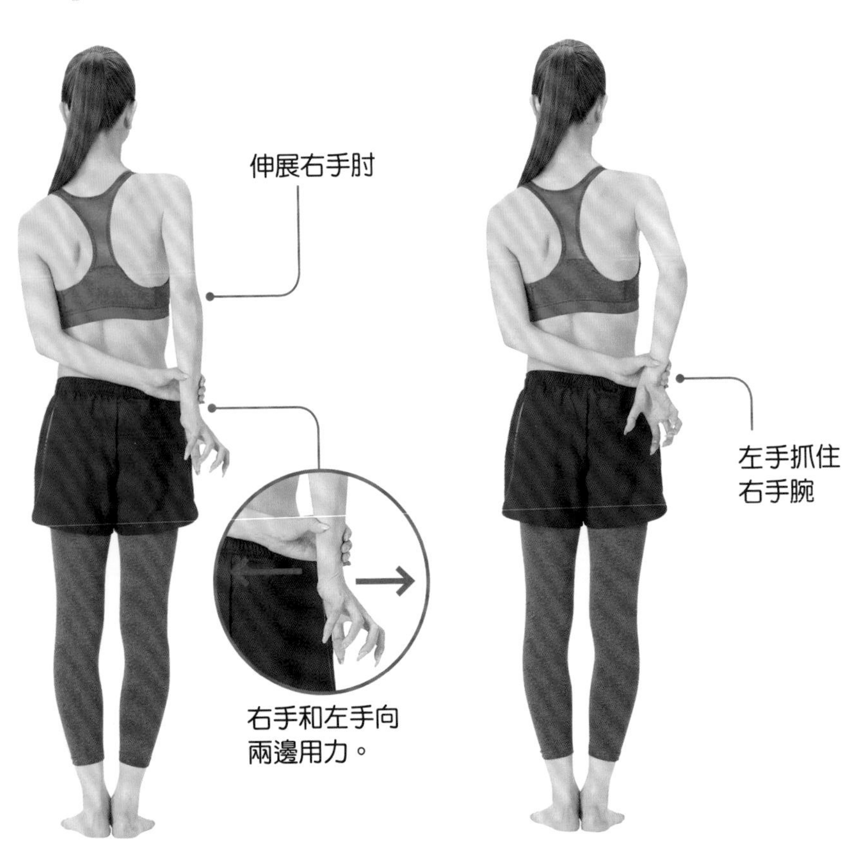

2 扭轉手腕停留5秒鐘

手腕往外側扭轉，轉到底後，慢慢吐氣停留5秒，轉回原本的姿勢，重複10次。接著另一手也做相同動作。

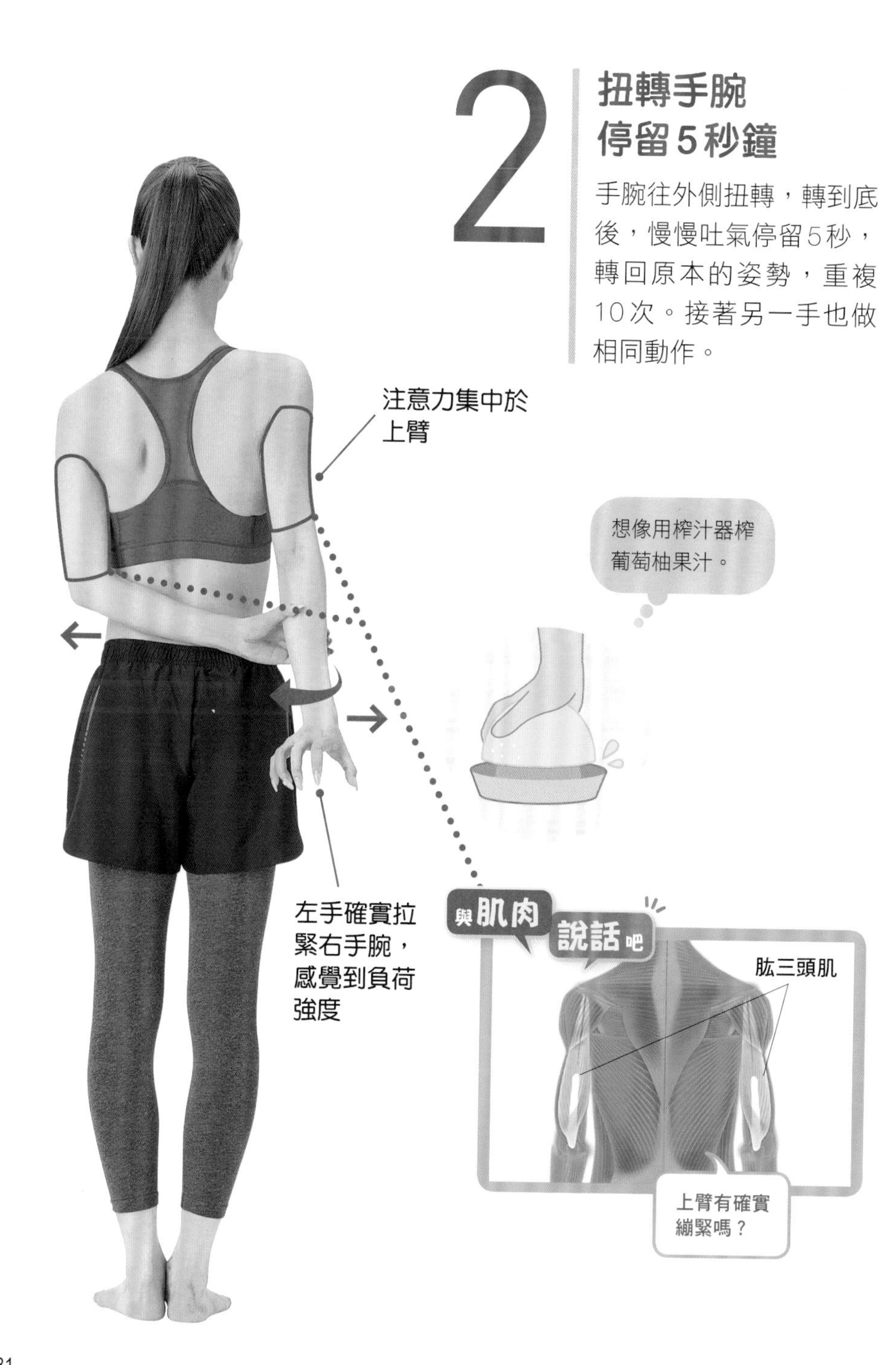

消除鬆弛肌肉
打造漂亮手臂線條②

10次

1天3組

1

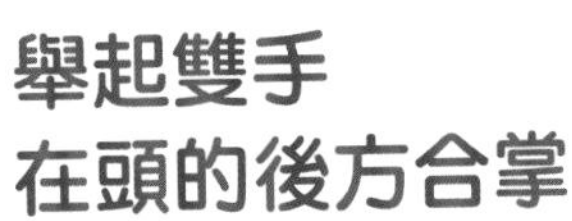

舉起雙手 在頭的後方合掌

舉起雙手，置於頭後，雙手合掌，深深地吸一口氣。

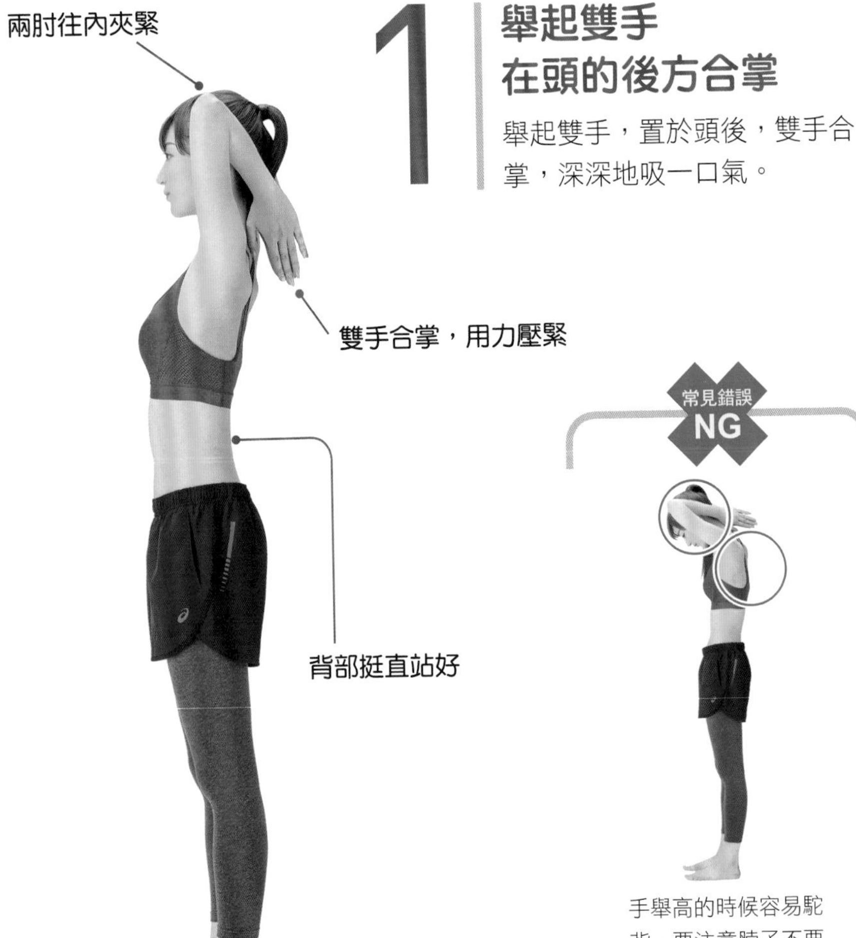

手舉高的時候容易駝背，要注意脖子不要往下彎。

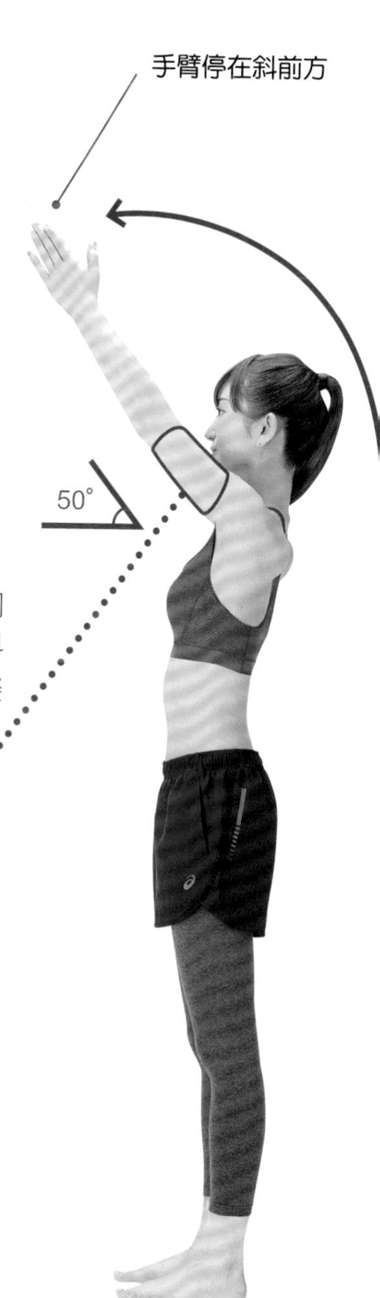

2 數5秒鐘 雙手慢慢向前伸展

吐氣時，一邊數5秒，雙手同時慢慢轉向前方，到達頭的斜前方時停止。接著回復原本姿勢，重複10次。

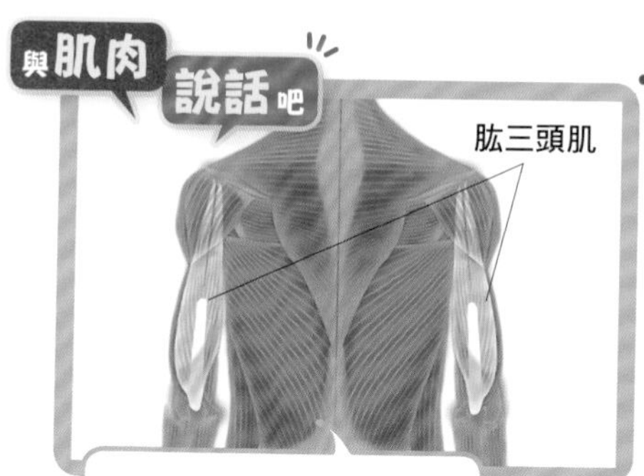

擴大胸圍 打造美麗胸型①

1 雙手在胸前交握 用力吸氣

背部挺直，雙手交握放在胸前，深深地吸氣。

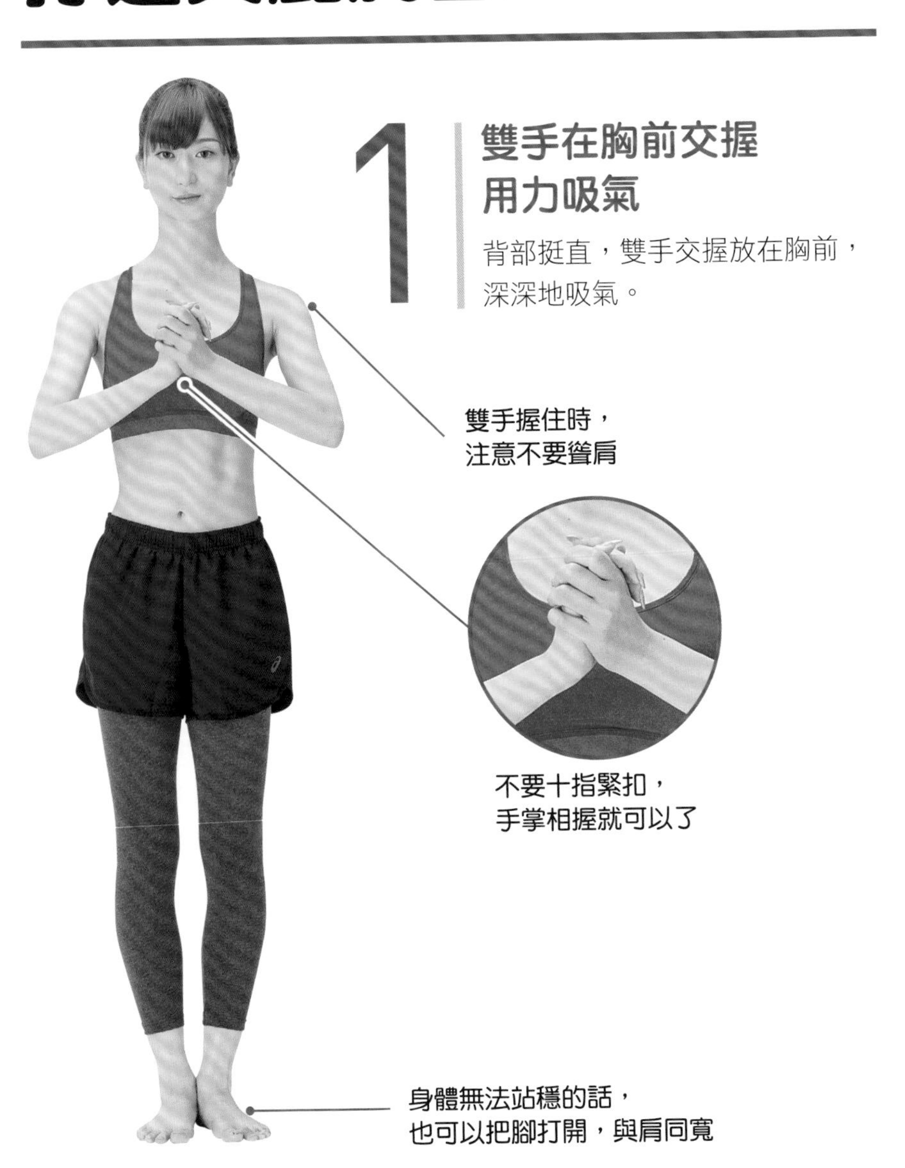

2 吐氣時，數5秒鐘雙手互相壓緊

手肘抬高至與地板平行，慢慢吐氣、雙手互壓，停留5秒鐘。回復原本姿勢，重複10次。

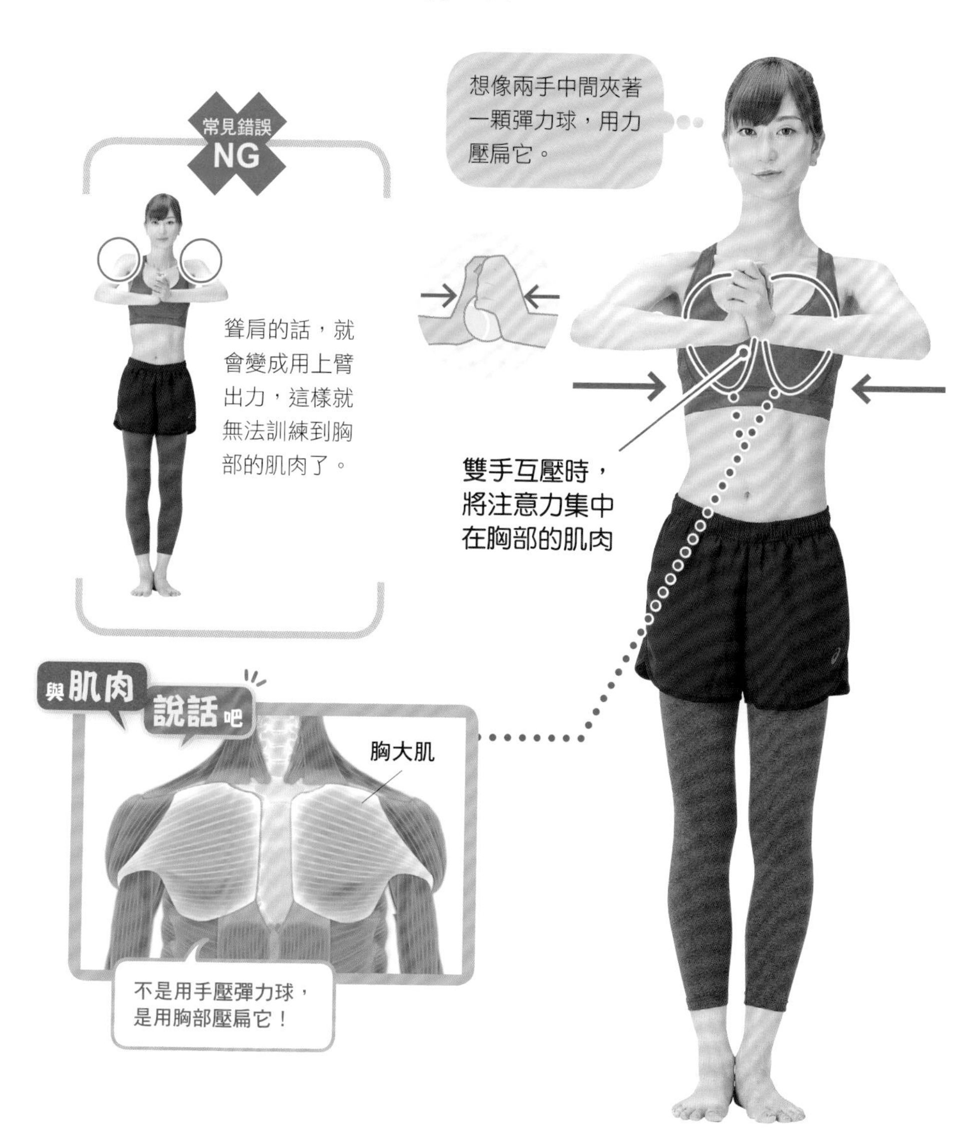

擴大胸圍 打造美麗胸型②

左右各10次
1天3組

1 手壓地板 用膝蓋支撐身體重量

手臂打直，手掌壓著地板，以手臂和膝蓋支撐身體重量，雙腳在空中交叉。

2 數5秒鐘，慢慢將頭往下壓

臉面向側面，保持吸氣，將手臂向下彎曲，一邊數5秒，一邊慢慢讓頭往地板接近。等到快要碰到地板時，吐氣後一口氣回復原本姿勢。重複10次，接著轉向另一邊，重複做相同動作。

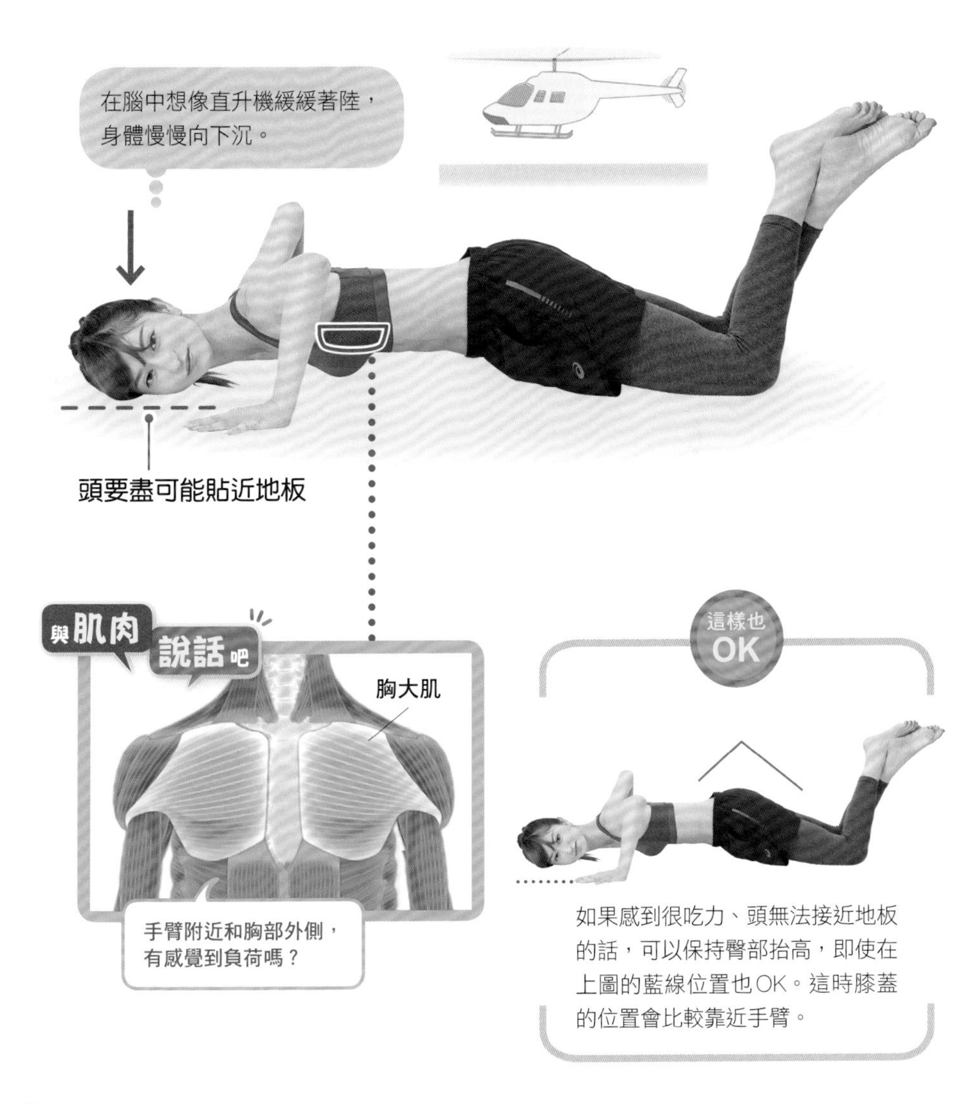

簡單消除臀部的贅肉①

左右各5次
1天3組

1 扶著椅背抬起左腿

扶著椅背站直，抬起左腿，
深深地吸氣。

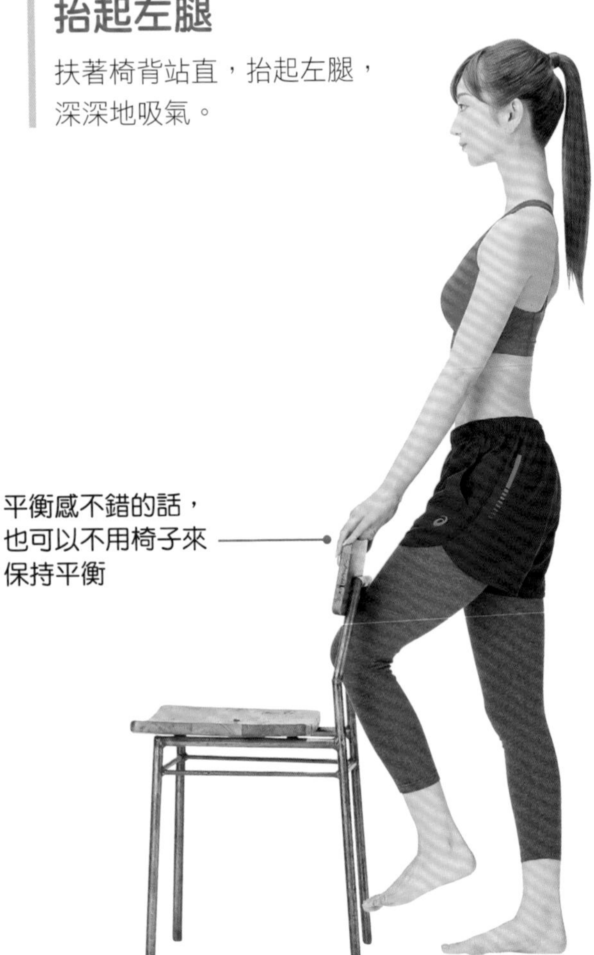

平衡感不錯的話，
也可以不用椅子來
保持平衡

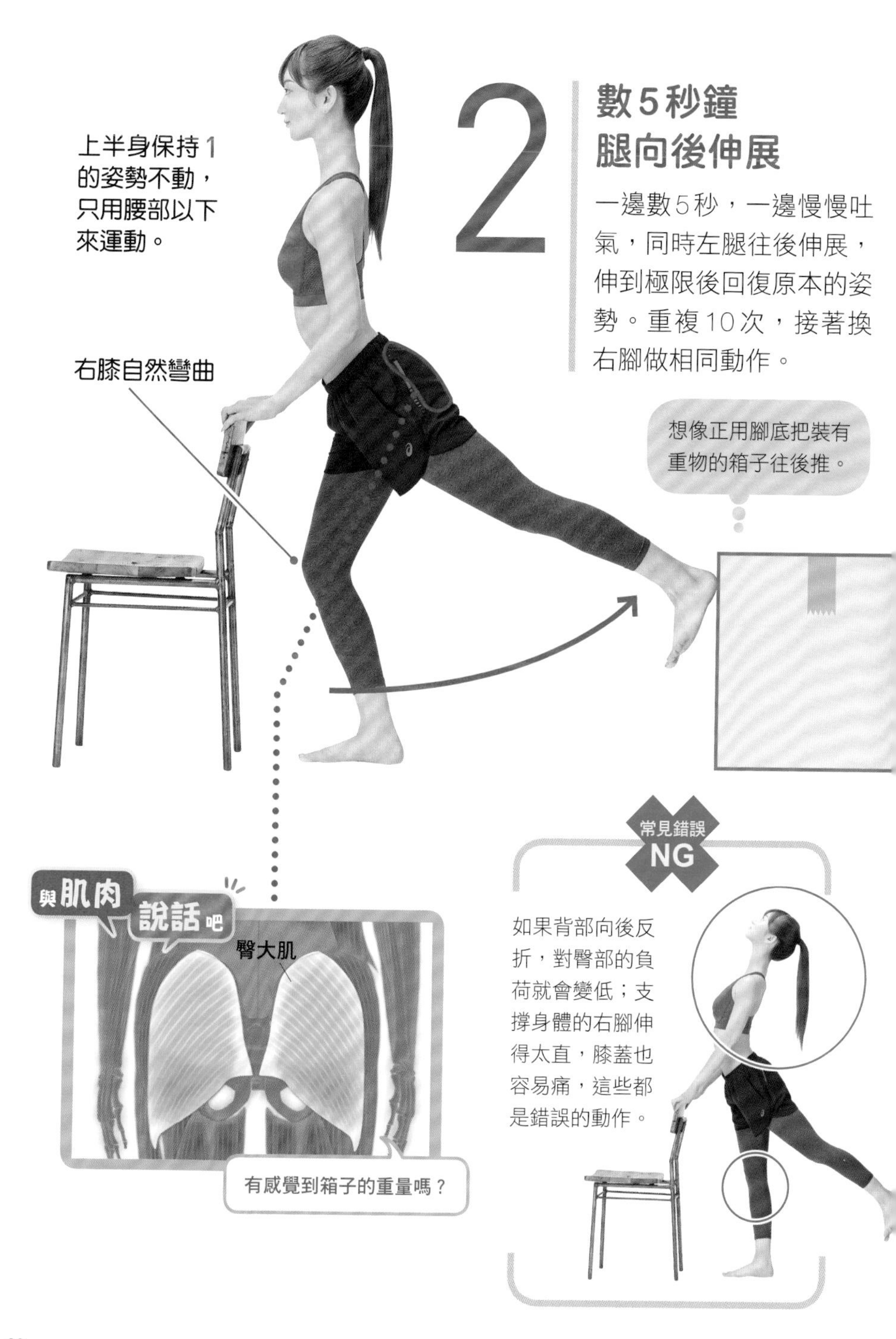
2
數5秒鐘
腿向後伸展
一邊數5秒，一邊慢慢吐氣，同時左腿往後伸展，伸到極限後回復原本的姿勢。重複10次，接著換右腳做相同動作。
上半身保持1的姿勢不動，只用腰部以下來運動。
右膝自然彎曲
想像正用腳底把裝有重物的箱子往後推。
常見錯誤
NG
如果背部向後反折，對臀部的負荷就會變低；支撐身體的右腳伸得太直，膝蓋也容易痛，這些都是錯誤的動作。
與肌肉說話吧
臀大肌
有感覺到箱子的重量嗎？

簡單消除臀部的贅肉②

10次
1天3組

1 臉朝上平躺 彎曲膝蓋腳著地

躺在地板，臉朝上，雙手打開，膝蓋彎曲，腳確實踩地。

基本做法一樣，吸氣時腰部抬高，吐氣時腰部放下。

如果能夠做到上述動作的話，可以把腳放在椅子上或平衡球上，提高負荷強度。

2 一邊吸氣，一邊抬高腰部停留5秒鐘

一邊吸氣，一邊抬高腰部。當腰部抬到最高時，停留5秒，慢慢吐氣，接著讓身體回復原本姿勢。重複10次。

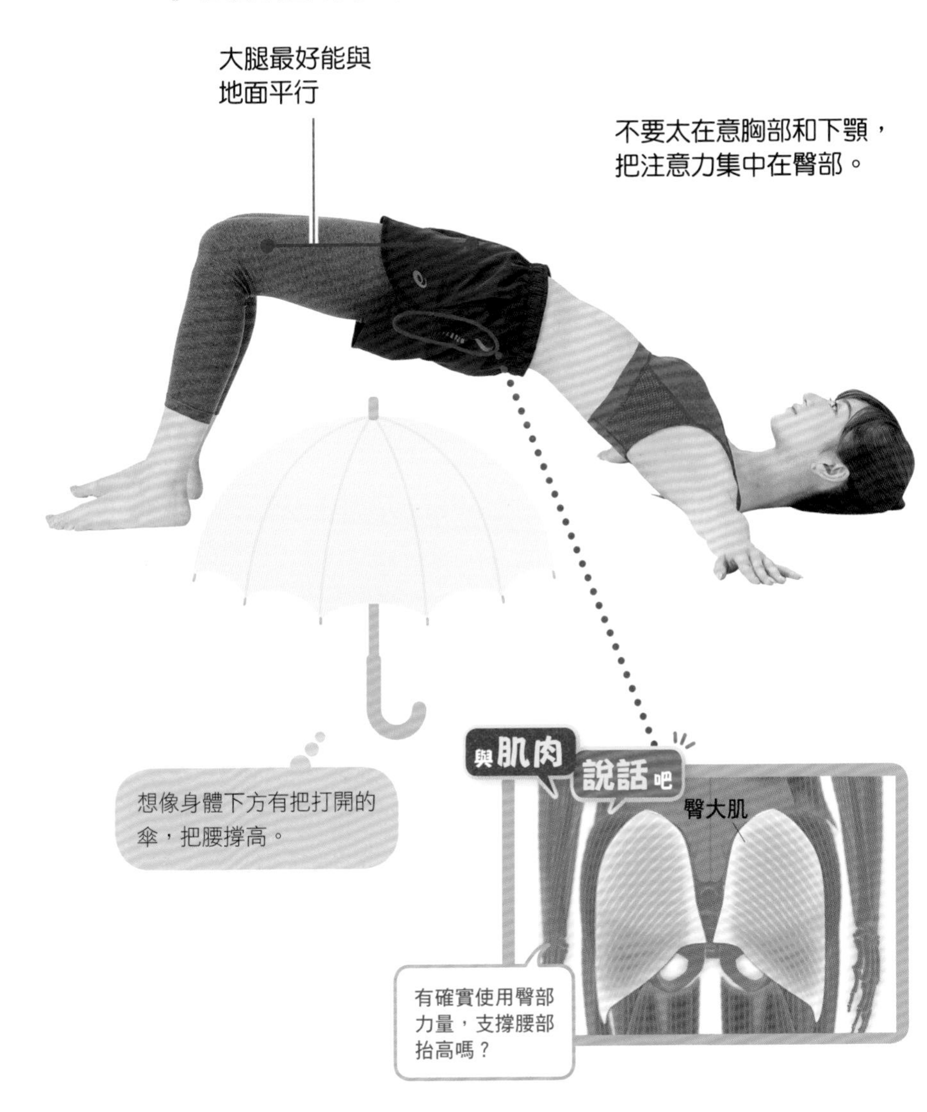

緊實雙腿 打造完美腿型①

左右來回
20次
1天
3組

1 椅子坐一半 背部打直

坐在椅子上，不要坐得太深，把背部挺直。
這時要注意不要讓身體往左右傾斜。

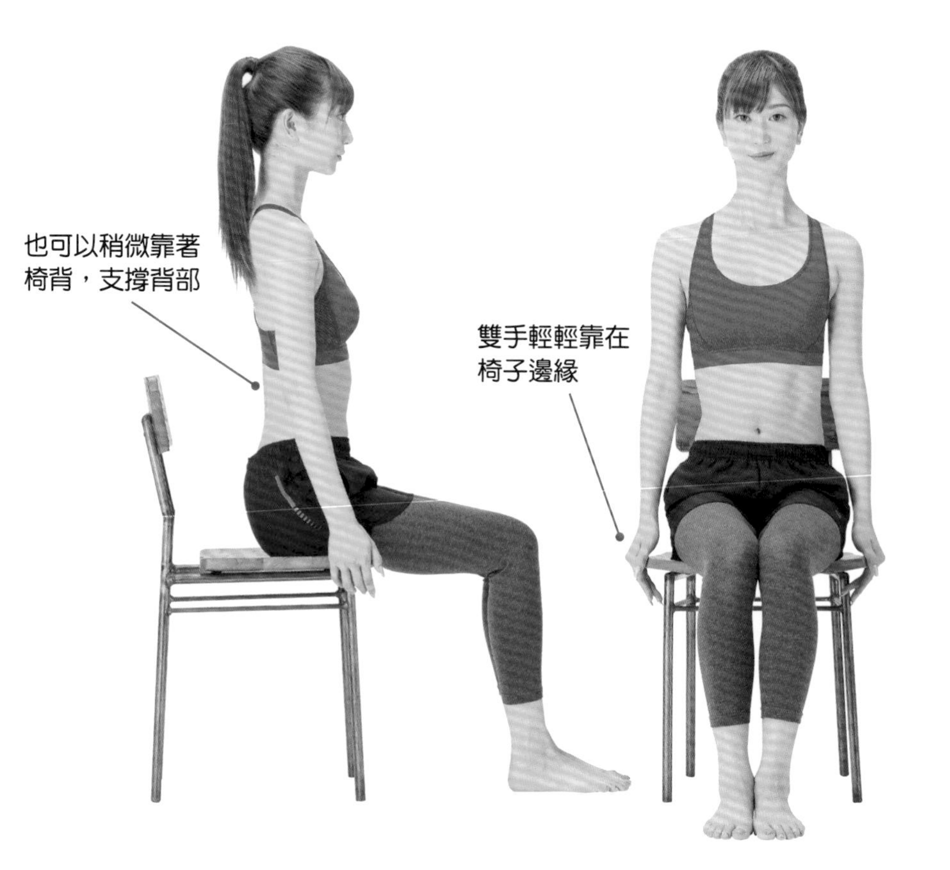

2 抬起右腳 像汽車雨刷一樣左右擺動

右腳抬高至椅面的高度，往前踩出去吸氣。吐氣時，一邊數5秒，腳一邊慢慢往小趾的方向倒下，再慢慢回到原位。下一次吸氣、吐氣、數5秒時，腳慢慢往大拇趾方向倒下，再回到原位。這樣來回算一次，重複20次。接著換左腳做相同動作。

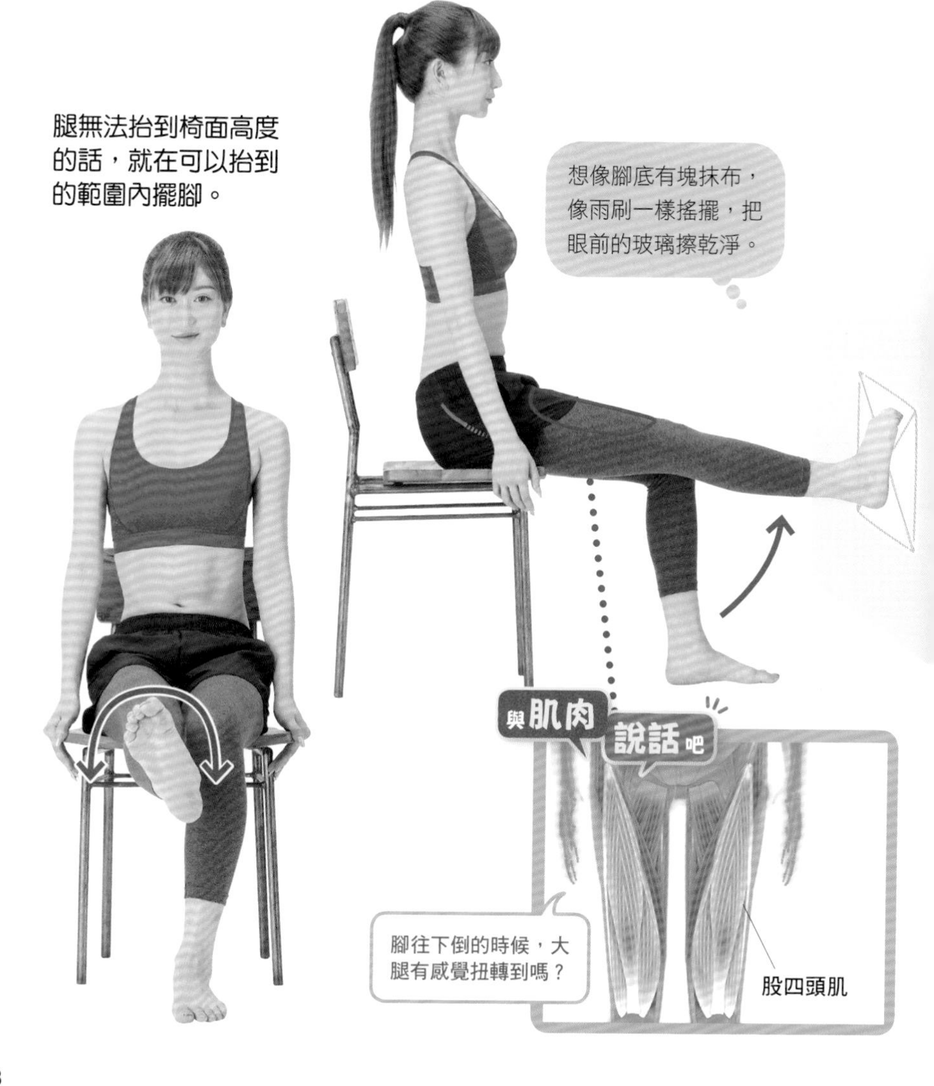

緊實雙腿 打造完美腿型 ②

左右各 5次

1天 3組

1 雙手叉腰站定 左手舉高

雙腿併攏，雙手叉腰。站好後，左手舉高。

2 抬起右腿，停留5秒鐘

用力吸一口氣，抬起右大腿，同時踮起左腳尖，維持這個姿勢停留5秒。接著一邊慢慢吐氣，一邊放下右腿，左腳跟著地。重複5次，接著另一邊做相同動作。

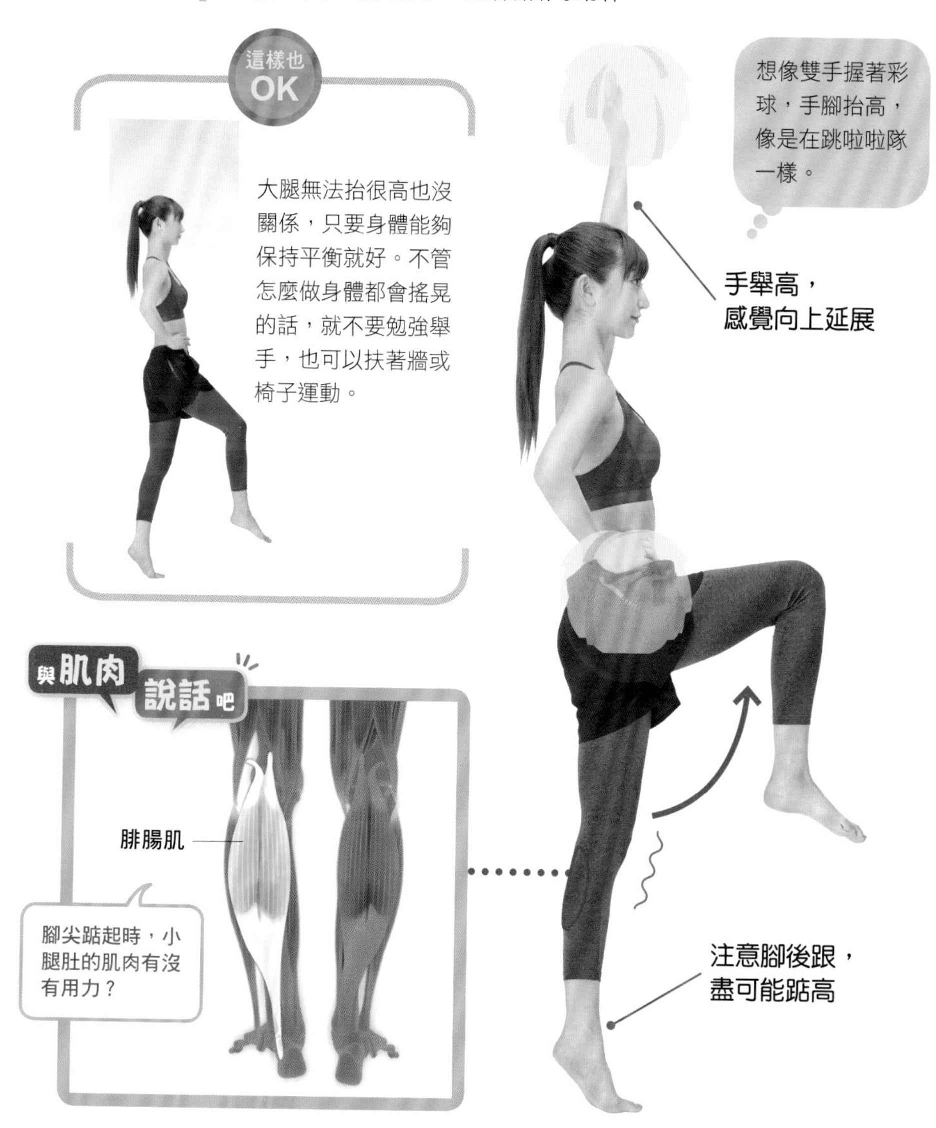

重複 5次

1天 3組

最終進化 緊實的腹肌①

1 平躺在地上 雙腿往上舉高

平躺在地板上，臉朝上，兩腿舉高與地面呈直角，然後用力吸一口氣。

2 雙腿往左側倒 數到5秒鐘

慢慢吐氣，一邊數5秒，雙腿一起往左側慢慢倒下，直到快要碰到地板時停止。接著慢慢吸氣，雙腿回到原位，再往右側做相同動作。左右來回算一次，重複5次。

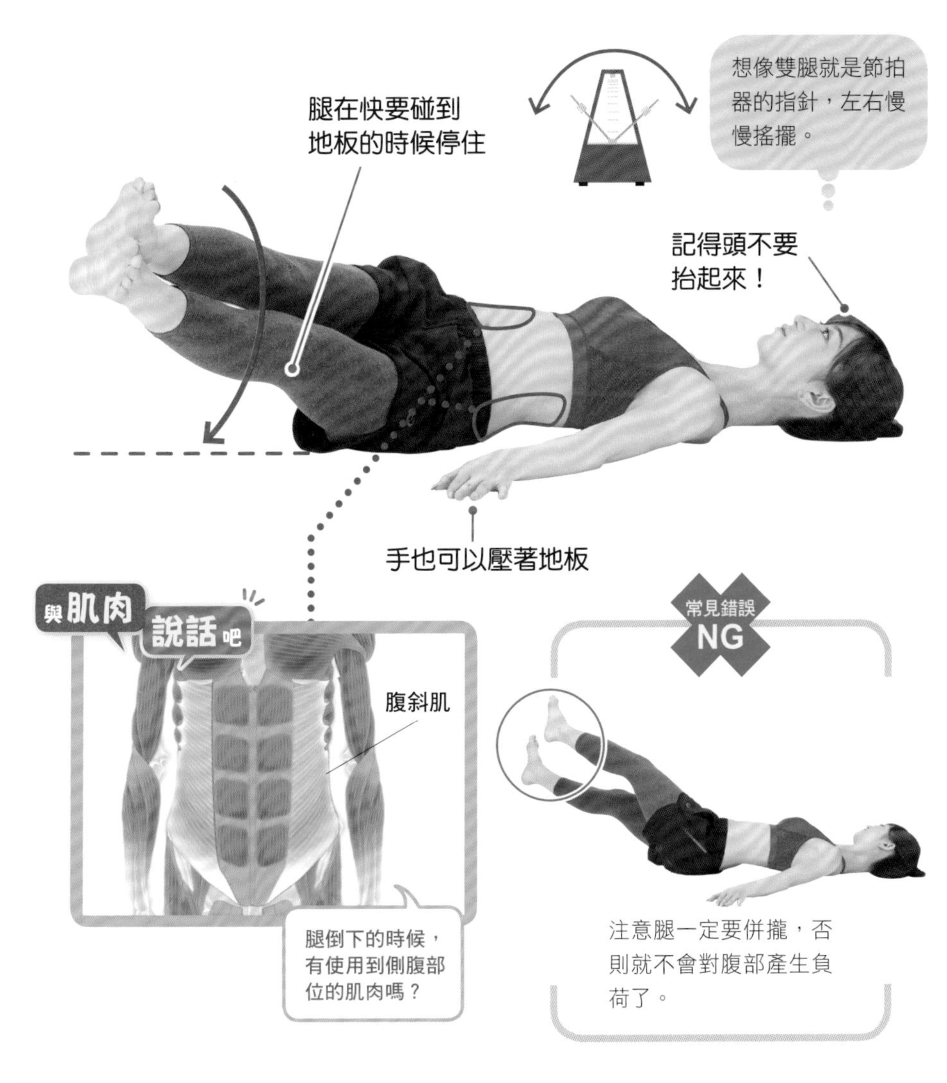

最終進化 緊實的腹肌②

左右各 10次
1天 3組

1 手腳並用，支撐身體

雙手推地，雙腿伸直，左腳放到右腳上交叉，踮起腳趾貼地，以手掌和腳尖支撐身體重量。用力吸一口氣。

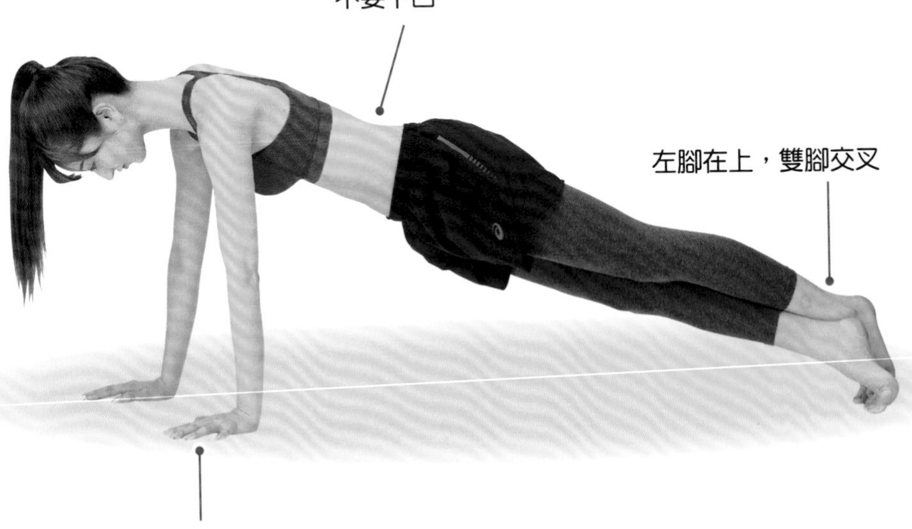

2 吐氣的同時，扭轉腰部

一邊吐氣，一邊數5秒，腰部同時慢慢向左側扭轉，接著吸氣，將身體轉回原位。重複10次後，交換腳的上下位置，往右側做相同動作。

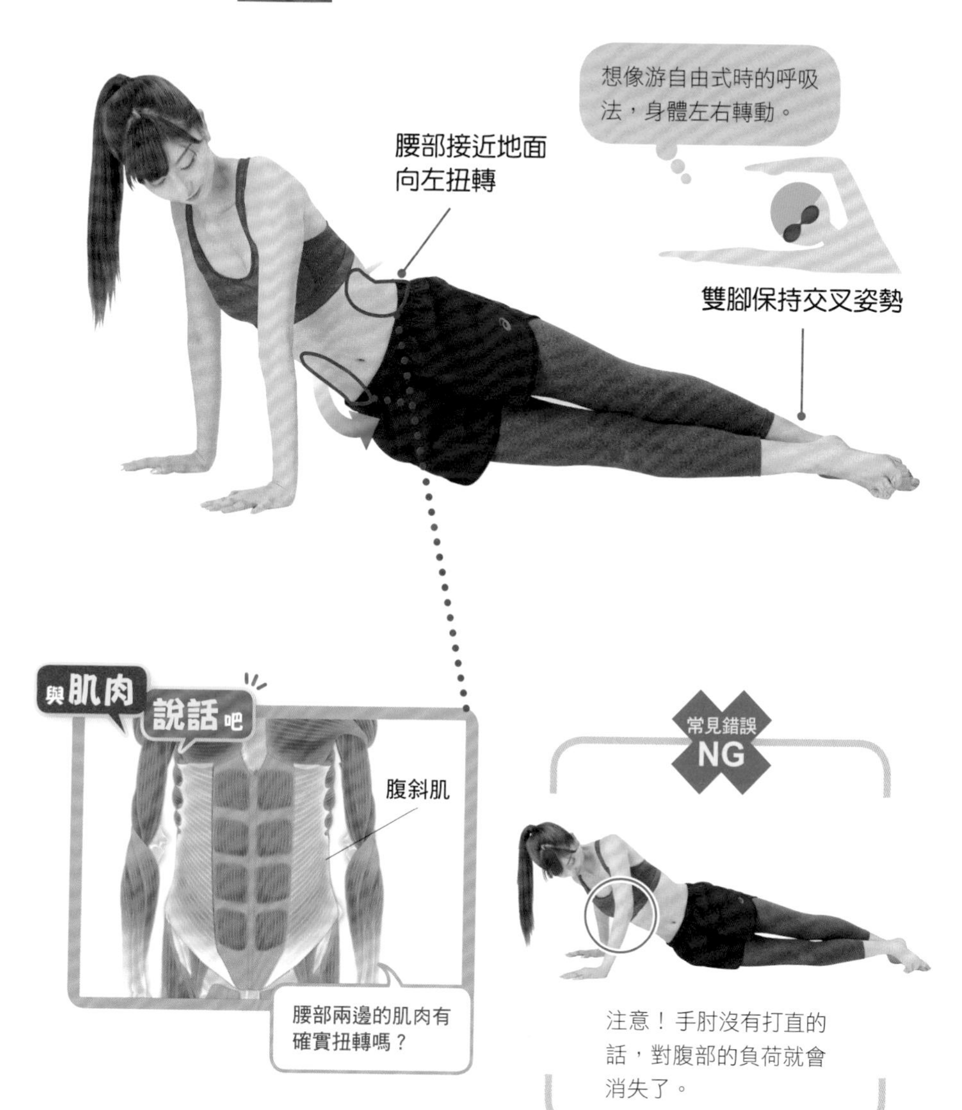

column 2

一天當中，哪一時段才適合訓練呢？

5秒腹肌的訓練目的，是為了增加肌肉、消除脂肪，這與「生長激素」也有很大的關係。嚴格説來，訓練的用意並不是讓脂肪減少，而是促使體內分泌生長激素，讓肌肉能夠成長。這個結果促進基礎代謝率提升，加速燃燒體內脂肪。

其中，人體在運動過後和睡眠狀態時，生長激素的分泌最旺盛；特別是睡眠品質良好的話，會分泌得更多。若能充分利用這個生理特性，在睡前一小時進行5秒腹肌訓練的話，最能達到效果。不僅如此，訓練後會流汗，所以在晚上洗澡之前練習也比較理想。吃過晚餐，稍作休息消化後，開始5秒腹肌訓練，結束後洗澡，然後上床睡覺，這就是最理想的訓練時程安排。

5秒腹肌並不是激烈的運動，在睡前一個小時做也不會妨礙睡眠品質。適度的運動和洗澡放鬆，可以提升睡眠品質，訓練的效果也會變得更好！

STEP

3

提升5秒腹肌的效果

正確的飲食方法

訓練的同時，也要注意飲食方式！5秒腹肌訓練期間，比起飲食限制，更需要留意營養的攝取，「高蛋白」與「低脂肪」缺一不可！

健美肌肉的最佳助攻

效果加倍的飲食法

基本原則——高蛋白&低脂肪

為了讓凸出來的小腹凹下去，當我們努力鍛鍊肌肉的期間，飲食內容也是非常重要的環節，接著就來談談可以提高健身效果的飲食方法吧！

人體內會吸收每天攝入的營養成分，經過轉化後打造出肌肉。在所有的營養素當中，**蛋白質就是構成肌肉的最重要成分**。當我們吃進富含蛋白質的食物時，這種大分子營養素會先在腸道分解，形成胺基酸，促進肌肉的生成。因為蛋白質能夠生成肌肉，自然也就能提升身體的基礎代謝率，打造出可以有效燃燒脂肪的體質——也就是**容易變瘦的體質**。

當各位進行為期兩週的訓練課程期間，可以參考左頁的食物列表，盡可能多多攝取蛋白質。不過也要提醒大家，營養攝取過量也並非好事。如果蛋白質過量，會加重體內的代謝負荷，反而使身材變胖。不妨將一天的攝取量分成三餐，每餐有效攝取蛋白質，**男性一天的攝取量大約為120公克，女性為100公克**。

除此之外，各位也要盡量避免油脂成分多的食物。油脂攝取過多，就會形成脂肪並在體內堆積，浪費了努力運動的成效。讓我們以「**高蛋白&低脂肪**」的飲食生活為目標吧！

食物中所含的蛋白質分量

富含蛋白質的食材

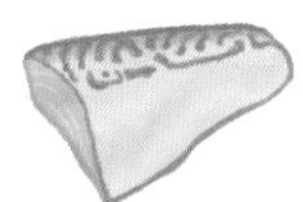

鯖魚
蛋白質 24.7g
（每一切片120g）

牛腿肉
蛋白質 19.5g
（每份100g）

烤魚（花魚）
蛋白質 18.1g
（每份100g）

鮭魚
蛋白質 18.0g
（每一切片80g）

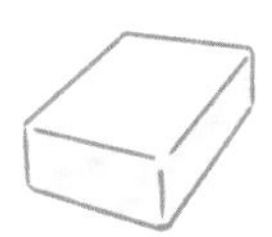

板豆腐
蛋白質 13.2g
（每份1/2塊200g）

水煮鮪魚罐頭
蛋白質 12.9g
（每罐70g）

豬肝
蛋白質 12.2g
（每份60g）

雞柳
蛋白質 9.2g
（每份40g）

納豆
蛋白質 7.4g
（每盒45g）

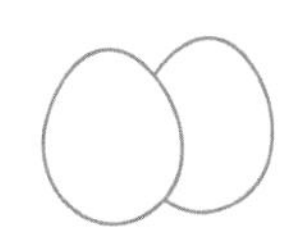

雞蛋
蛋白質 7.7g
（一般大小1顆）

牛奶
蛋白質 6.6g
（每瓶200㎖）

原味優格
蛋白質 3.6g
（每盒100g）

極端限制飲食的陷阱

不吃東西更容易變胖

訓練期間，要成功到達使小腹凹下去的目標，除了要注意營養的攝取，改變飲食方式也是相當重要的關鍵。每天的用餐次數有沒有變少？有沒有偏食的習慣呢？會不會時常暴飲暴食，或是只吃非常少的量呢？

一般說到減肥，大多數人會直覺想到限制飲食。但即使限制自己吃得很少，身體也會因為攝取量不足而**突然引起飢餓感，為了快速取得熱量好維持生理活動，於是便直接分解體內的細胞與肌肉**，結果反而使好不容易鍛鍊的肌肉被分解掉，代謝率也因此變低了。

進一步來看，因為**營養攝取不足，身體容易感覺飢餓，體內也就會儲存大量的脂肪和醣類，反而變成了易胖體質**。看到這裡，請各位務必立刻停止不合理的飲食限制吧！建議在每天進食量維持不變的前提之下，改成少量多餐，一定要確實吃飯。

蛋白質的攝取奧祕

另一方面，要如何有效攝取蛋白質呢？這裡提醒各位，如果在睡前攝取蛋白質，就能夠有效吸收了！另外，與人體成長息息相關的「生長激素」，會在入睡時大量分泌，可以說睡眠就是肌肉成長的黃金時段。

不改變總食量，增加用餐次數

維持一天攝取量
分成3～5餐

避免身體陷入飢餓狀態，建議以少量多餐的方式，將每天的進食量分為3～5次，最晚在晚上9點前吃完晚餐。

早餐 6:00
糙米飯、歐姆蛋、海帶豆腐味噌湯等

點心 10:00
水煮蛋、堅果等等

午餐 13:00
水煮雞肉、豆類沙拉、優格等

點心 16:00
不吃零食，選擇飯糰或是納豆

晚餐 19:00
烤鯖魚、燻雞肉、豆腐沙拉等

小火鍋

小火鍋可以加入牛、豬、雞、魚、豆腐等食材，也適合加入大量的蔬果類。

梅子拌雞肉

雞胸肉或雞柳肉放入電鍋蒸（也可用微波爐調理），加入蔬菜、搗碎的梅肉。梅子能夠恢復疲勞。

晚餐的菜單
著重攝取蛋白質

一天三餐裡，許多人容易忽略晚餐，但晚餐是非常重要的環節，關係著睡眠時的肌肉修復與成長。晚餐的攝取要點在於控制醣類、選擇無油調理的低油脂料理，如果有蔬果類的話會更健康。

只有蛋白質也會營養不足
與「醣類」和「油脂」和平共處

攝取過量是飲食之大忌

近年來風行的「斷醣」減肥飲食法，正是提倡日常飲食中要避免攝取任何醣類，這也是考量到醣類往往為三餐的主食，容易大量攝取，在體內轉變為脂肪而堆積。但是，當各位確實執行5秒腹肌訓練的時候，醣類卻是必要的營養。醣類是身體各種機能運作的熱量來源，**一旦醣類攝取不足，進行訓練時，身體便會轉而分解肌肉獲取熱量，反倒會減少原先所鍛鍊出的肌肉量**。因此，在訓練前務必要適度攝取醣類。

除了醣類之外，各位也要注意油脂的攝取。人體每日所需的油脂分量並不多，再加上現今飲食習慣的改變，一不小心就很容易攝取過量。如果攝取過多的熱量，運動量又不夠的話，醣類和油脂都會轉變成脂肪儲存在人體內。那麼，我們應該要怎麼攝取剛剛好的油脂量呢？首先要特別提醒各位，油脂也有分不少種類，其中需要避免過量攝取的就是肉類的脂肪。不過，**像是橄欖油等植物性油脂，卻是優質好「油」，應當多加攝取**。要想鍛鍊出健康的肌肉，植物性油脂可以說是不可缺的營養要素。除此之外，例如油炸物等明顯含油量非常多的食物，也要盡力排除。攝取營養的祕訣，就是要刻意地不攝取「油」脂。

減少體內脂肪的祕訣

現學現賣的無脂飲食法

- 便利商店、市售便當的油炸物多，盡量避免
- 吃肉排前，可以先除去肥肉部分
- 選擇燒肉料理時，避開腰內肉，選擇里肌肉
- 採購食品時，確認成分表中的脂肪含量
- 挑選「低脂」或「無脂」的牛奶
- 選用優質好油，譬如亞麻仁油、橄欖油
- 選擇無油成分的調味醬汁

不使用油調理食物

烹調料理時，不加入油來調理也是可以減少脂肪攝取的訣竅之一。無油烹調例如紅燒、蒸、煮等方法，也能做出各式各樣的美味料理；但如果必須以煎烤方式料理，非得使用油的話，建議可以改用亞麻仁油或橄欖油等不含反式脂肪的油類，不用一般常見的沙拉油。

也可以用不沾鍋烹調，不需要加入油就能夠煎肉。至於烹調過程中因高溫而流出的油脂，則可以用廚房紙巾擦掉。

推薦用蒸煮的方式料理，不僅可除去多餘的油脂，蔬菜、肉和魚等多樣食材也都能使用這種方式烹調，使飲食更均衡。

補充不足，凸顯效果！
訓練前後的營養補給

第一時間很重要

為了使凸出來的小腹凹下去，必須在飲食當中積極攝取蛋白質；而為了提高訓練效果，也要攝取熱量來源的醣類。運動過程中，若是醣類不足，也會造成熱量不足，使身體開始分解好不容易練成的肌肉。因此，**訓練前的30分鐘左右，要記得補充醣類**。推薦可以選擇容易準備也方便攜帶的香蕉，不只能夠立即補充醣類，香蕉的成分裡也含有可促進肌肉伸縮時所需的鉀。運動過後，為了回復疲勞，最好多攝取檸檬酸和維他命C，柑橘類水果便富含這些成分。

乳清蛋白＝營養萬靈丹？

生活忙碌的人、缺乏食慾的人，往往很難從三餐飲食中獲取足夠的蛋白質。這個時候，推薦這類族群可以選擇乳清蛋白，額外補充蛋白質。那麼，只要補充乳清蛋白，問題就迎刃而解了嗎？這倒也未必。若是平時沒有養成運動習慣，只靠乳清蛋白來補充蛋白質的話，可能反而造成攝取過量。只有平時保持運動習慣、卻無法即時補充蛋白質的時候，才是乳清蛋白適合登場的時機。順帶一提，營養補給品並不會造成肌肉過度生長，請安心使用吧。

根據目的，補充所需的營養素

善用營養補給品，提升訓練效果

胺基酸是提升訓練效果所需的營養素。
無法只靠飲食攝取充足營養的話，可以試著利用補給品！

提升代謝率

肉鹼

肉鹼是人體內分泌的胺基酸當中的一種，有促進代謝、燃燒脂肪的功能。但是隨著年齡增長，肉鹼的分泌量會逐漸減少，這就是造成肥胖的原因。牛肉和羊肉雖然富含肉鹼，卻也不是每天都能吃到的食材，這時就用營養補給品提高效率，讓脂肪燃燒吧！

鳥胺酸

蜆富含鳥胺酸，而鳥胺酸是一種可以增強肝臟機能的胺基酸，也能夠促進生長激素分泌。由於促使生長激素分泌量提升，也就連帶促進了肌肉的成長。補充原則和肉鹼一樣，如果不容易從飲食中攝取所需量的話，建議可選擇有效的營養補給品。

強化、維持肌肉

麩醯胺酸

運動會消耗很多的胺基酸，其實是因為麩醯胺酸不足，就會轉而從肌肉獲取麩醯胺酸。這樣一來，再怎麼努力訓練也無法讓肌肉成長。肉類和魚類等富含蛋白質的食材中可攝取麩醯胺酸，但若是經過加熱，營養素也就幾乎被破壞殆盡了。

BCAA

肌肉所需的三種胺基酸總稱BCAA，包含纈胺酸、異白胺酸、白胺酸，是補充肌肉熱量的來源，可防止肌肉量減少，也是肌肉成長不可欠缺的營養素，但運動時卻也容易流失。可以攝取蛋白質較多的食物，也可以利用營養補給品更有效地補充。

飲食之路漫漫，更要堅持到底！

肥胖不再回來

不勉強的飲食習慣

許多體驗者在兩週的訓練課程期間，針對每天的飲食內容也頗下一番苦心，可是當訓練結束後，卻又回復原先紊亂的飲食習慣。到頭來，努力了兩個星期的成果一下子又回到原點。要想長久保持健美的身材，最重要的其實不是訓練本身，而是**如何長期持續「高蛋白、低脂肪」的飲食模式，不要刻意勉強自己，把這些營養攝取的規則變成習慣吧**。如果一味嚴格限制自己喜歡的食物，更容易造成不必要的壓力，結果反而更有可能復胖。這裡建議各位不如將每日的攝取量分成3～5次用餐，找出適合自己的方法。

研究結果指出，酒精會妨礙肌肉的成長，阻礙鍛鍊出完美的肌肉。但是並不意味著非得勉強自己禁酒，不妨先從減量著手，讓身體自然而然習慣酒精減量。各位癮君子也要注意，減少飲酒的同時，也不要吃太多小菜，以免得不償失。

獎勵更能提高動力

從日常生活中，控制油炸物和甜點的攝取吧！如果實在很想吃的話，就設定「每隔兩週吃一次」，當成是自己的獎勵日！

聚會不再懊惱的點餐祕訣

OK菜單

蔬菜棒

蔬菜含有纖維，因此先吃蔬菜棒能夠讓肚子容易有飽足感，也能抑制脂肪的吸收。

番茄沙拉

脂肪量很低，能夠抑制血糖升高，可以多吃一些。另外也可以選擇雞柳沙拉，同樣能夠補充蛋白質。

雞肉串燒

選擇低卡洛里的雞柳，調味最好選擇沒有塗抹醬油（成分包含砂糖）的鹽味。

NG菜單

啤酒

啤酒成分中一般含有較多的糖分，記得選擇低糖啤酒，或是改點少糖的燒酒替代。

沙拉＋淋醬

別以為多吃蔬菜就可以放心了，沙拉醬含有容易形成脂肪的油脂成分，建議點沙拉時不要淋醬。

炸雞

炸雞等油炸食物含有大量油脂，卡洛里也很高。減肥期間更要避免攝取。

積極攝取「皂素」，防止脂肪吸收

建議多攝取可以防止脂肪吸收的食物，譬如毛豆、納豆，或是豆腐等大豆製品，都含有很多皂素，可以預防脂肪在消化過程中被小腸吸收，因此具有清除血脂的功用。不只是聚餐時，日常生活中也要多加攝取！

著者 **松井 薰**

私人教練、柔道復健師（日本國家認證醫療相關資格）、國士館大學特別研究員暨特約講師、たかの友梨美容專門學校特約講師、日本醫學柔整鍼灸專門學校特別聘任講師、NESTA JAPAN日本分部設立策劃理事。

童年時因為激烈運動，導致腰椎突出與分離，所以立志成為專業的健身教練，指導人們正確的運動方式和瘦身方法，以及有科學根據的健身知識。之後在國士館大學體育學系和日本醫學柔整鍼灸專門學校進修，畢業後擔任各界知名人士的私人教練。不僅為學員打造出魅力體態，也因矯正歪斜體態而廣得好評。

曾擔任任天堂「Wii Fit」的訓練顧問，也應邀參與談話性節目《徹子の部屋》（テレビ朝日系列）的專訪，堪稱是日本健身教練界、治療專家、健身界中的第一人。另外也擔任日本綜藝節目《世界一受けたい授業》（日本テレビ系列）、《主治医が見つかる診療所》（テレビ東京系列）的講師，著有《1回5秒でお腹が凹むスクイーズトレーニング》（永岡書店）、《お腹やせの科学【脳をだまして効率よく腹筋を鍛える】》（光文社新書）等多本書籍。

個人網站 https://www.matsuikaoru.net/

部落格 https://ameblo.jp/ewfitness/

模特兒	松山英礼奈
攝影	森口鉄郎、富岡甲之（スタジオダンク）
髮型	太田絢子
插畫	中川原透、二平瑞樹
肌肉圖	株式会社BACKBONEWORKS
內文設計	関根千晴　佐藤明日香　中村理恵　山田素子（スタジオダンク）
執筆協力	穂積直樹、明道聡子（リブラ編集室）
編集協力	渡辺有祐　坂口柚季野（フィグインク）

5 BYO FUKKIN GEKITEKI HARAYASE TRAINING

出　　版／楓葉社文化事業有限公司
地　　址／新北市板橋區信義路163巷3號10樓
郵 政 劃 撥／19907596 楓書坊文化出版社
網　　址／www.maplebook.com.tw
電　　話／02-2957-6096
傳　　真／02-2957-6435
著　　者／松井薰
翻　　譯／木木咲
企 劃 編 輯／江婉瑄
內 文 排 版／洪浩剛
總　經　銷／商流文化事業有限公司
地　　址／新北市中和區中正路752號8樓
電　　話／02-2228-8841
傳　　真／02-2228-6939
網　　址／www.vdm.com.tw
港 澳 經 銷／泛華發行代理有限公司
定　　價／300元
初 版 日 期／2018年12月

國家圖書館出版品預行編目資料

5秒練腹肌 / 松井薰作 ; 木木咲譯. -- 初版. -- 新北市 : 楓葉社文化, 2018.12
面 ; 公分

ISBN 978-986-370-184-2 (平裝)

1. 塑身 2. 減重 3. 健身運動

425.2　　107017702